U0346656

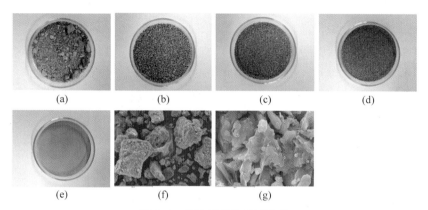

图 3.1　钢渣样品的表面形貌

(a) 筛分前；(b) 粒径范围 1~2 mm；(c) 粒径范围 0.5~1 mm；(d) 粒径范围 0.1~0.5 mm；
(e) 粒径小于 0.1 mm；(f) 粒径小于 0.1 mm 且放大 500 倍；(g) 粒径小于 0.1 mm 且放大 5000 倍

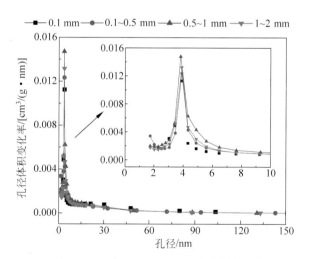

图 3.2　不同粒径钢渣样品的孔径分布曲线

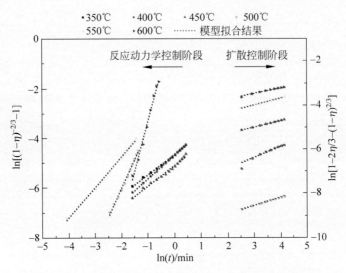

图 3.9　颗粒一级反应动力学复合金斯特林格扩散模型对钢渣在不同温度下 100% CO₂ 气氛中的高温气固碳酸化反应过程的拟合结果

颗粒一级反应动力学控制阶段和金斯特林格扩散控制阶段的平均相关系数 R^2 分别为 0.993 和 0.997

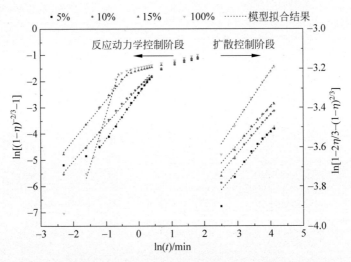

图 3.10　颗粒一级反应动力学复合金斯特林格扩散模型对钢渣在 600℃ 下不同 CO₂ 含量气氛中的高温气固碳酸化反应过程的拟合结果

颗粒一级反应动力学控制阶段和金斯特林格扩散控制阶段的平均相关系数 R^2 分别为 0.994 和 0.990

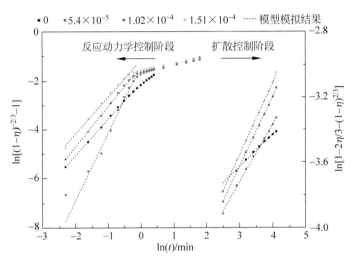

图 3.11 颗粒一级反应动力学复合金斯特林格扩散模型对钢渣在 600℃ 下不同 SO₂ 含量的 10% CO₂/90% N₂ 气氛中的高温气固碳酸化反应过程的拟合结果

颗粒一级反应动力学控制阶段和金斯特林格扩散控制阶段的平均相关系数 R^2 分别为 0.994 和 0.997

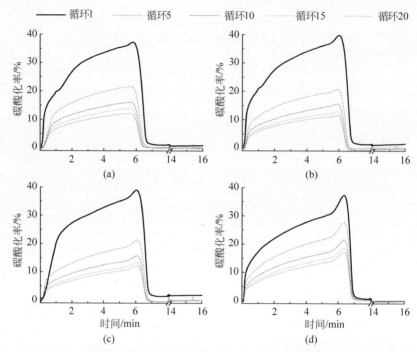

图 3.16　碳酸化-煅烧反应循环次数对钢渣样品的碳酸化率及其对 CO_2 的吸附和解吸速率的影响

(a) 5% CO_2；(b) 10% CO_2；(c) 15% CO_2；(d) 100% CO_2

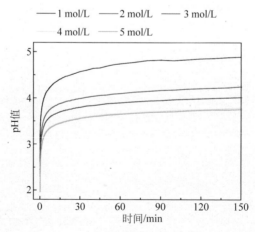

图 4.6　室温且固液比为 1 g∶10 mL 时不同醋酸投加比例下钢渣(粒径范围：1～2 mm)浸出液的 pH 值随浸出时间的变化情况

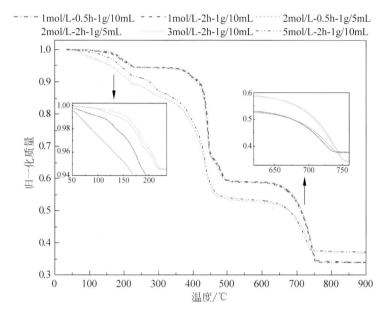

图 5.2　几种新鲜钢渣源钙基 CO_2 吸附材料的氮气-程序升温分解曲线

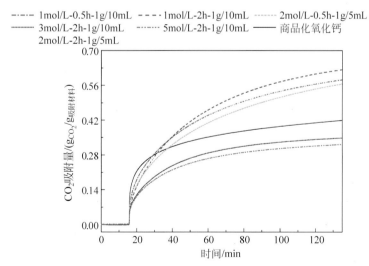

图 5.5　在 700℃下 15% CO_2 + 85% N_2 气氛中钢渣源钙基材料的
　　　　恒温 CO_2 吸附性能

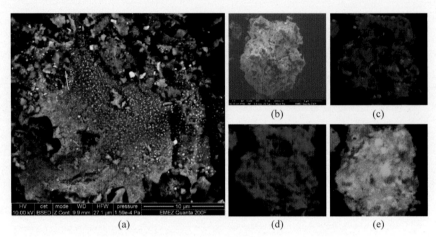

图 6.7 （a）协同沉淀法合成的钢渣源钙-铁双功能 CO_2 吸附材料 Ca：Fe_5∶4
在氢气-程序升温还原后的背散射电子显微成像（BSE）图；（b）进行能量
分散 X 光分析的微区；（c）铁元素的能量分散 X 光微区分析（EDS）图；
（d）氧元素的能量分散 X 光微区分析（EDS）图；（e）钙元素的能量分散
X 光微区分析（EDS）图

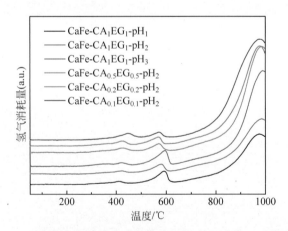

图 6.17 几种溶胶-凝胶法合成的钢渣源钙-铁双功能 CO_2 吸附材料
的氢气-程序升温还原曲线

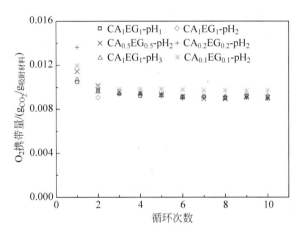

图 6.19   几种溶胶-凝胶法合成的钢渣源钙-铁双功能 CO₂ 吸附材料
在 CaL 耦合 CLC 过程中的循环 O₂ 携带性能

清华大学优秀博士学位论文丛书

钢渣制备高效钙基CO$_2$吸附材料用于钢铁行业碳捕集

田思聪（Tian Sicong） 著

Synthesis of Highly-efficient Ca-based CO$_2$
Sorbents from Steel Slag and Application
for Carbon Capture in the Iron and Steel Industry

清華大学出版社
北京

内 容 简 介

本书以钢渣的高品位资源化利用为目标,系统研究了钢渣高温气固碳酸化直接固定 CO_2 的效果、影响因素及其反应动力学特征,详细探究了实现钢渣中钙、铁元素分离和回收的酸浸取方法,以钢渣为原料制备出高效钙基 CO_2 吸附材料,并提出了基于化学链燃烧技术耦合高温钙循环技术的新型自热式 CO_2 捕集过程以实现工业源 CO_2 的高效捕集,从而在实现钢铁行业 CO_2 减排的同时,达到钢渣中钙、铁元素回收利用的目的,为钢渣的高值利用提供了新的研究思路。

本书可供环境、材料等领域的高校师生和科研院所研究人员及相关技术人员阅读参考。

图书在版编目(CIP)数据

钢渣制备高效钙基 CO_2 吸附材料用于钢铁行业碳捕集/田思聪著.—北京:清华大学出版社,2024.6

(清华大学优秀博士学位论文丛书)

ISBN 978-7-302-62398-4

Ⅰ. ①钢… Ⅱ. ①田… Ⅲ. ①钢渣-应用-碳/碳复合材料-材料制备-研究 Ⅳ. ①TB333.2

中国国家版本馆 CIP 数据核字(2023)第 013042 号

责任编辑:黎 强 孙亚楠
封面设计:傅瑞学
责任校对:王淑云
责任印制:杨 艳

出版发行:清华大学出版社
网　　　址:https://www.tup.com.cn,https://www.wqxuetang.com
地　　　址:北京清华大学学研大厦 A 座　　邮　　编:100084
社 总 机:010-83470000　　　　　　　　邮　　购:010-62786544
投稿与读者服务:010-62776969,c-service@tup.tsinghua.edu.cn
质量反馈:010-62772015,zhiliang@tup.tsinghua.edu.cn
印 装 者:三河市东方印刷有限公司
经　　销:全国新华书店
开　　本:155mm×235mm　　印 张:11　　插页:4　　字　数:192 千字
版　　次:2024 年 6 月第 1 版　　　　　　　印　　次:2024 年 6 月第 1 次印刷
定　　价:99.00 元

产品编号:076512-01

一流博士生教育
体现一流大学人才培养的高度(代丛书序)^①

人才培养是大学的根本任务。只有培养出一流人才的高校,才能够成为世界一流大学。本科教育是培养一流人才最重要的基础,是一流大学的底色,体现了学校的传统和特色。博士生教育是学历教育的最高层次,体现出一所大学人才培养的高度,代表着一个国家的人才培养水平。清华大学正在全面推进综合改革,深化教育教学改革,探索建立完善的博士生选拔培养机制,不断提升博士生培养质量。

学术精神的培养是博士生教育的根本

学术精神是大学精神的重要组成部分,是学者与学术群体在学术活动中坚守的价值准则。大学对学术精神的追求,反映了一所大学对学术的重视、对真理的热爱和对功利性目标的摒弃。博士生教育要培养有志于追求学术的人,其根本在于学术精神的培养。

无论古今中外,博士这一称号都和学问、学术紧密联系在一起,和知识探索密切相关。我国的博士一词起源于2000多年前的战国时期,是一种学官名。博士任职者负责保管文献档案、编撰著述,须知识渊博并负有传授学问的职责。东汉学者应劭在《汉官仪》中写道:"博者,通博古今;士者,辩于然否。"后来,人们逐渐把精通某种职业的专门人才称为博士。博士作为一种学位,最早产生于12世纪,最初它是加入教师行会的一种资格证书。19世纪初,德国柏林大学成立,其哲学院取代了以往神学院在大学中的地位,在大学发展的历史上首次产生了由哲学院授予的哲学博士学位,并赋予了哲学博士深层次的教育内涵,即推崇学术自由、创造新知识。哲学博士的设立标志着现代博士生教育的开端,博士则被定义为独立从事学术研究、具备创造新知识能力的人,是学术精神的传承者和光大者。

---

① 本文首发于《光明日报》,2017年12月5日。

博士生学习期间是培养学术精神最重要的阶段。博士生需要接受严谨的学术训练,开展深入的学术研究,并通过发表学术论文、参与学术活动及博士论文答辩等环节,证明自身的学术能力。更重要的是,博士生要培养学术志趣,把对学术的热爱融入生命之中,把捍卫真理作为毕生的追求。博士生更要学会如何面对干扰和诱惑,远离功利,保持安静、从容的心态。学术精神,特别是其中所蕴含的科学理性精神、学术奉献精神,不仅对博士生未来的学术事业至关重要,对博士生一生的发展都大有裨益。

独创性和批判性思维是博士生最重要的素质

博士生需要具备很多素质,包括逻辑推理、言语表达、沟通协作等,但是最重要的素质是独创性和批判性思维。

学术重视传承,但更看重突破和创新。博士生作为学术事业的后备力量,要立志于追求独创性。独创意味着独立和创造,没有独立精神,往往很难产生创造性的成果。1929 年 6 月 3 日,在清华大学国学院导师王国维逝世二周年之际,国学院师生为纪念这位杰出的学者,募款修造"海宁王静安先生纪念碑",同为国学院导师的陈寅恪先生撰写了碑铭,其中写道:"先生之著述,或有时而不章;先生之学说,或有时而可商;惟此独立之精神,自由之思想,历千万祀,与天壤而同久,共三光而永光。"这是对于一位学者的极高评价。中国著名的史学家、文学家司马迁所讲的"究天人之际,通古今之变,成一家之言"也是强调要在古今贯通中形成自己独立的见解,并努力达到新的高度。博士生应该以"独立之精神、自由之思想"来要求自己,不断创造新的学术成果。

诺贝尔物理学奖获得者杨振宁先生曾在 20 世纪 80 年代初对到访纽约州立大学石溪分校的 90 多名中国学生、学者提出:"独创性是科学工作者最重要的素质。"杨先生主张做研究的人一定要有独创的精神、独到的见解和独立研究的能力。在科技如此发达的今天,学术上的独创性变得越来越难,也愈加珍贵和重要。博士生要树立敢为天下先的志向,在独创性上下功夫,勇于挑战最前沿的科学问题。

批判性思维是一种遵循逻辑规则、不断质疑和反省的思维方式,具有批判性思维的人勇于挑战自己,敢于挑战权威。批判性思维的缺乏往往被认为是中国学生特有的弱项,也是我们在博士生培养方面存在的一个普遍问题。2001 年,美国卡内基基金会开展了一项"卡内基博士生教育创新计划",针对博士生教育进行调研,并发布了研究报告。该报告指出:在美国和欧洲,培养学生保持批判而质疑的眼光看待自己、同行和导师的观点同样非常不容易,批判性思维的培养必须成为博士生培养项目的组成部分。

对于博士生而言,批判性思维的养成要从如何面对权威开始。为了鼓励学生质疑学术权威、挑战现有学术范式,培养学生的挑战精神和创新能力,清华大学在 2013 年发起"巅峰对话",由学生自主邀请各学科领域具有国际影响力的学术大师与清华学生同台对话。该活动迄今已经举办了 21 期,先后邀请 17 位诺贝尔奖、3 位图灵奖、1 位菲尔兹奖获得者参与对话。诺贝尔化学奖得主巴里·夏普莱斯(Barry Sharpless)在 2013 年 11 月来清华参加"巅峰对话"时,对于清华学生的质疑精神印象深刻。他在接受媒体采访时谈道:"清华的学生无所畏惧,请原谅我的措辞,但他们真的很有胆量。"这是我听到的对清华学生的最高评价,博士生就应该具备这样的勇气和能力。培养批判性思维更难的一层是要有勇气不断否定自己,有一种不断超越自己的精神。爱因斯坦说:"在真理的认识方面,任何以权威自居的人,必将在上帝的嬉笑中垮台。"这句名言应该成为每一位从事学术研究的博士生的箴言。

提高博士生培养质量有赖于构建全方位的博士生教育体系

一流的博士生教育要有一流的教育理念,需要构建全方位的教育体系,把教育理念落实到博士生培养的各个环节中。

在博士生选拔方面,不能简单按考分录取,而是要侧重评价学术志趣和创新潜力。知识结构固然重要,但学术志趣和创新潜力更关键,考分不能完全反映学生的学术潜质。清华大学在经过多年试点探索的基础上,于 2016 年开始全面实行博士生招生"申请-审核"制,从原来的按照考试分数招收博士生,转变为按科研创新能力、专业学术潜质招收,并给予院系、学科、导师更大的自主权。《清华大学"申请-审核"制实施办法》明晰了导师和院系在考核、遴选和推荐上的权力和职责,同时确定了规范的流程及监管要求。

在博士生指导教师资格确认方面,不能论资排辈,要更看重教师的学术活力及研究工作的前沿性。博士生教育质量的提升关键在于教师,要让更多、更优秀的教师参与到博士生教育中来。清华大学从 2009 年开始探索将博士生导师评定权下放到各学位评定分委员会,允许评聘一部分优秀副教授担任博士生导师。近年来,学校在推进教师人事制度改革过程中,明确教研系列助理教授可以独立指导博士生,让富有创造活力的青年教师指导优秀的青年学生,师生相互促进、共同成长。

在促进博士生交流方面,要努力突破学科领域的界限,注重搭建跨学科的平台。跨学科交流是激发博士生学术创造力的重要途径,博士生要努力提升在交叉学科领域开展科研工作的能力。清华大学于2014年创办了"微沙龙"平台,同学们可以通过微信平台随时发布学术话题,寻觅学术伙伴。3年来,博士生参与和发起"微沙龙"12 000多场,参与博士生达38 000多人次。"微沙龙"促进了不同学科学生之间的思想碰撞,激发了同学们的学术志趣。清华于2002年创办了博士生论坛,论坛由同学自己组织,师生共同参与。博士生论坛持续举办了500期,开展了18 000多场学术报告,切实起到了师生互动、教学相长、学科交融、促进交流的作用。学校积极资助博士生到世界一流大学开展交流与合作研究,超过60%的博士生有海外访学经历。清华于2011年设立了发展中国家博士生项目,鼓励学生到发展中国家亲身体验和调研,在全球化背景下研究发展中国家的各类问题。

在博士学位评定方面,权力要进一步下放,学术判断应该由各领域的学者来负责。院系二级学术单位应该在评定博士论文水平上拥有更多的权力,也应担负更多的责任。清华大学从2015年开始把学位论文的评审职责授权给各学位评定分委员会,学位论文质量和学位评审过程主要由各学位分委员会进行把关,校学位委员会负责学位管理整体工作,负责制度建设和争议事项处理。

全面提高人才培养能力是建设世界一流大学的核心。博士生培养质量的提升是大学办学质量提升的重要标志。我们要高度重视、充分发挥博士生教育的战略性、引领性作用,面向世界、勇于进取,树立自信、保持特色,不断推动一流大学的人才培养迈向新的高度。

清华大学校长

2017年12月

丛书序二

以学术型人才培养为主的博士生教育,肩负着培养具有国际竞争力的高层次学术创新人才的重任,是国家发展战略的重要组成部分,是清华大学人才培养的重中之重。

作为首批设立研究生院的高校,清华大学自 20 世纪 80 年代初开始,立足国家和社会需要,结合校内实际情况,不断推动博士生教育改革。为了提供适宜博士生成长的学术环境,我校一方面不断地营造浓厚的学术氛围,一方面大力推动培养模式创新探索。我校从多年前就已开始运行一系列博士生培养专项基金和特色项目,激励博士生潜心学术、锐意创新,拓宽博士生的国际视野,倡导跨学科研究与交流,不断提升博士生培养质量。

博士生是最具创造力的学术研究新生力量,思维活跃,求真求实。他们在导师的指导下进入本领域研究前沿,吸取本领域最新的研究成果,拓宽人类的认知边界,不断取得创新性成果。这套优秀博士学位论文丛书,不仅是我校博士生研究工作前沿成果的体现,也是我校博士生学术精神传承和光大的体现。

这套丛书的每一篇论文均来自学校新近每年评选的校级优秀博士学位论文。为了鼓励创新,激励优秀的博士生脱颖而出,同时激励导师悉心指导,我校评选校级优秀博士学位论文已有 20 多年。评选出的优秀博士学位论文代表了我校各学科最优秀的博士学位论文的水平。为了传播优秀的博士学位论文成果,更好地推动学术交流与学科建设,促进博士生未来发展和成长,清华大学研究生院与清华大学出版社合作出版这些优秀的博士学位论文。

感谢清华大学出版社,悉心地为每位作者提供专业、细致的写作和出版指导,使这些博士论文以专著方式呈现在读者面前,促进了这些最新的优秀研究成果的快速广泛传播。相信本套丛书的出版可以为国内外各相关领域或交叉领域的在读研究生和科研人员提供有益的参考,为相关学科领域的发展和优秀科研成果的转化起到积极的推动作用。

感谢丛书作者的导师们。这些优秀的博士学位论文,从选题、研究到成文,离不开导师的精心指导。我校优秀的师生导学传统,成就了一项项优秀的研究成果,成就了一大批青年学者,也成就了清华的学术研究。感谢导师们为每篇论文精心撰写序言,帮助读者更好地理解论文。

感谢丛书的作者们。他们优秀的学术成果,连同鲜活的思想、创新的精神、严谨的学风,都为致力于学术研究的后来者树立了榜样。他们本着精益求精的精神,对论文进行了细致的修改完善,使之在具备科学性、前沿性的同时,更具系统性和可读性。

这套丛书涵盖清华众多学科,从论文的选题能够感受到作者们积极参与国家重大战略、社会发展问题、新兴产业创新等的研究热情,能够感受到作者们的国际视野和人文情怀。相信这些年轻作者们勇于承担学术创新重任的社会责任感能够感染和带动越来越多的博士生,将论文书写在祖国的大地上。

祝愿丛书的作者们、读者们和所有从事学术研究的同行们在未来的道路上坚持梦想,百折不挠! 在服务国家、奉献社会和造福人类的事业中不断创新,做新时代的引领者。

相信每一位读者在阅读这一本本学术著作的时候,在吸取学术创新成果、享受学术之美的同时,能够将其中所蕴含的科学理性精神和学术奉献精神传播和发扬出去。

清华大学研究生院院长

2018 年 1 月 5 日

导师序言

在 21 世纪努力实现全球碳中和已经成为国际社会的普遍共识。自从联合国气候变化框架公约提出 2050 年达成碳中和目标后，越来越多的国家已经向联合国递交或正在积极制定国家自主碳减排承诺。中国政府高度重视应对气候变化，于 2021 年先后发布《中共中央国务院关于完整准确全面贯彻新发展理念做好碳达峰碳中和工作的意见》与《中国应对气候变化的政策与行动》白皮书，郑重宣示将采取更加有力的政策和措施，二氧化碳排放 2030 年前达到峰值，努力争取 2060 年前实现碳中和，并正在为实现这一目标而付诸坚实行动。

碳捕集、利用与封存是一种将二氧化碳从空气或其固定排放源中分离，进而将其转化利用或长期地质封存的碳减排技术。它既是国际能源署在全球碳中和技术方案中所推荐的核心技术手段之一，也是中国政府制定的《本世纪中叶长期温室气体低排放发展战略》中"推动革命性减排技术创新发展"的战略重点。特别地，它是一种可以使钢铁、水泥和传统电力等由于自身生产工艺特性而难以避免使用大量化石燃料的重工业在中长期实现深度碳减排的最佳可行技术。钢铁行业是全球最大的二氧化碳工业排放源之一，但有关其碳减排的国内外研究工作却起步较晚，适合大规模应用于钢铁行业的廉价、高效二氧化碳捕集技术亟待开发。

田思聪的博士学位论文针对我国钢铁行业所面临的二氧化碳减排和钢渣高值利用这两大迫切需求，以实现钢铁行业深度脱碳结合钢渣的高品位资源化利用为目标，开展以钢渣为原料制备高效钙基二氧化碳吸附材料，并将其应用于钢铁行业二氧化碳原位捕集的研究，从而在实现钢铁行业二氧化碳减排的同时，实现钢渣中钙、铁元素的回收利用，推进钢铁行业的清洁生产与节能减排。论文系统研究了钢渣高温气固碳酸化直接固定二氧化碳的效果、影响因素及其反应动力学特征；详细探究了钢渣在酸性浸出体系中的元素浸出特征及其影响因素，开发出低醋酸/钢渣投加比酸浸取技术，实现了钢渣中钙、铁元素的高效分离；首次以钢渣为原料制备出钙基二氧化碳吸附材料,深入研究了其二氧化碳吸附性能及影响因素,阐明了其抗烧结稳定化机理,并分析了其应用于高温钙循环二氧化碳捕集的技术经济性;创新性地提出了基于化学链燃烧技术耦合高温钙循环技术的新型自热式二氧化碳捕集过程,并据此开发出钢渣源钙—铁双功能二氧化碳吸附材料,解析了该过程的自热补偿机理。

该研究工作是有关钢渣应用于二氧化碳捕集与矿物固定的最早期、最有影响力的研究成果之一,发展了工业固废高温气固碳酸化固碳理论和高温固体循环二氧化碳捕集理论;作为工业碳减排技术探索的典型案例,首次证明了通过优化行业内部物质流与能量流,设法将碳捕集过程深度整合到工业产品的生产工艺中,便有望将普遍认为高昂的工业碳减排成本降低至可接受水平,这为工业碳减排技术的研发与应用提供了新策略。从钢渣资源化利用角度看,本论文提出了通过提升大宗钙硅基工业固废资源化产品的应用价值来推动其有效消纳的新理念,并从有价元素提取与转化的视角提供了成套技术方案,为该类废物从整体消纳向高附加值转化的利用途径转型提供了新思路。

清华大学环境学院蒋建国

2024 年 5 月

摘　要

　　作为我国重要的国民经济支柱产业,钢铁行业的发展面临着迫切的钢渣综合利用需求和艰巨的 CO_2 减排任务。本书以钢渣的高品位资源化利用为目标,系统研究了钢渣高温气固碳酸化直接固定 CO_2 的效果、影响因素及其反应动力学特征,详细探究了实现钢渣中钙、铁元素分离和回收的酸浸取方法,首次以钢渣为原料制备出高效钙基 CO_2 吸附材料,并提出了基于化学链燃烧技术耦合高温钙循环技术的新型自热式 CO_2 捕集过程以实现工业源 CO_2 的高效捕集。从而在实现钢铁行业 CO_2 减排的同时,达到钢渣中钙、铁元素回收利用的目的,为钢渣的高值利用提供了新的研究思路。主要研究结果如下:

　　(1)针对目前研究对钢渣碳酸化理论和反应动力学特征认识不清的问题,采用 X 射线衍射耦合刚玉内标物相对响应强度分析法首次实验测定了钢渣的理论 CO_2 固定潜能,经测定,本研究所使用钢渣样品的理论 CO_2 固定潜能为 $159.4~\mathrm{kg_{CO_2}/t}$。进而提出颗粒一级反应动力学复合金斯特林格扩散模型并解析了钢渣高温气固碳酸化动力学特征和反应参数,从而发展了工业固废高温气固碳酸化 CO_2 固定理论。

　　(2)针对钢渣中可用于碳酸化固定 CO_2 的活性钙比例较低这一限制因素,开发出低醋酸/钢渣投加比酸浸取技术,实现了钢渣中 Ca 和 Fe 的高效分离,并分别以高纯生石灰和富铁矿物的形式回收,本研究可实现从每吨钢渣中回收约 270 kg CaO 纯度达 90% 的生石灰,磁选回收富铁矿物的铁品位可高达 70.6%。

　　(3)首次以钢渣为原料制备出钙基 CO_2 吸附材料,其 CO_2 吸附性能显著优于商品化 CaO,饱和 CO_2 吸附量可达 $0.62~\mathrm{g_{CO_2}/g_{吸附材料}}$,是商品化 CaO 的 1.5 倍,材料在实际高温钙循环条件下的 CO_2 吸附量最大可达商品化 CaO 的近 2 倍, CO_2 吸附循环稳定性也比商品化 CaO 显著提高。进一步通过物质流分析证明了其相比传统钙基 CO_2 吸附材料的经济成本优势,钢渣源钙基 CO_2 吸附材料可更高效地应用于高温钙循环 CO_2 捕集过程。

（4）提出基于化学链燃烧技术耦合高温钙循环技术的新型自热式 CO_2 捕集过程，并据此开发出钢渣源钙-铁双功能 CO_2 吸附材料，在合适的钙/铁物质的量比下，钢渣源钙-铁双功能 CO_2 吸附材料可以实现对 CO_2 循环捕集的自热式运行。并解析了该过程的自热补偿机理，通过实验证明了其用于高效 CO_2 捕集的技术优越性，从而发展了高温固体循环 CO_2 捕集理论。

关键词： 钢渣；元素回收；钙基 CO_2 吸附材料；高温钙循环；CO_2 减排

Abstract

As a pillar industry for the development of the national economy, iron and steel industry faces urgent demands of both steel-slag utilization and CO_2 abatement. Aimed at the value-added utilization of steel slag, this book systemically investigated the effect, influencing factors, and kinetics of CO_2 sequestration by direct gas-solid carbonation of steel slag, studied in detail the ways to separate calcium (Ca) and iron (Fe) from steel slag and their recovery via acid extraction. Importantly, we successfully developed highly efficient, CaO-based CO_2 sorbents using steel slag as a feedstock, proposed and experimentally demonstrated the feasibility of a novel auto-thermal CO_2 capture process by coupling calcium looping (CaL) and chemical looping combustion (CLC) cycles within the steel slag-derived, Ca-Fe bi-functional CO_2 sorbents. Thus, the simultaneous CO_2 abatement from iron and steel industry and element recovery from steel slag is realized, which provides a new way for value-added utilization of steel slag. The main conclusions drawn from this thesis are as follows:

(1) Due to a lack of knowledge on carbonation theory of steel slag and its reaction kinetics from current studies, we for the first time experimentally determined the theoretical CO_2 sequestration capacity of steel slag by using the X-ray diffraction coupled relative intensity ratio (XRD-RIR) method. The steel slag sample used in this thesis has a theoretical CO_2 sequestration capacity of 159. 4 kg_{CO_2}/t. Additionally, we adopted the first-order reaction kinetic equation and the Ginstling equation to effectively model the direct gas-solid carbonation kinetics of steel slag and determine key reaction parameters (eg. the activation energy and rate

constant), which helps develop the direct gas-solid carbonation theory for CO_2 sequestration of industrial wastes.

(2) Due to the restriction of a low content of Ca-containing phases available for carbonation to sequestrate CO_2 in the steel slag, we developed an acid extraction method with low dosages of acetic acid to realize an efficient separation of Ca and Fe from steel slag, which are recovered in the form of high-purity lime and high-quality iron ore, respectively. In this book, approximately 270 kg of lime with a CaO purity as high as 90% and the Fe-rich minerals with an iron content of as high as 70.6% could be recovered from one ton of steel slag under the optimal operating conditions.

(3) We prepared CaO-based CO_2 sorbents from Ca-rich leachate of steel slag using an acetate co-precipitation technique, which exhibited superior CO_2 capture characteristics over the commercial CaO. The highest CO_2 uptake of the steel slag-derived CO_2 sorbents could achieve 0.62 $g_{CO_2}/g_{sorbent}$, 1.5 times as much as that of the commercial CaO. The cyclic CO_2 uptake of the steel slag-derived CO_2 sorbents could be almost twice as much as that of the commercial CaO under realistic calcium looping conditions. Importantly, the cyclic stability for CO_2 capture of the steel slag-derived CO_2 sorbents was significantly improved when compared to the commercial CaO. The economic superiority of the steel slag-derived CO_2 sorbents over naturally derived CaO was proved based on a mass flow analysis. The steel slag-derived, CaO-based CO_2 sorbent developed in this thesis is technically and economically very promising for practical applications in the CaL-based CO_2 capture process.

(4) We originally proposed a new class of auto-thermal, combined CaL-CLC CO_2 capture process, where the exothermic oxidation step of a reduced metal oxide is used to provide the heat required to calcine $CaCO_3$. To demonstrate the practical feasibility of the process proposed, novel Ca-Fe bi-functional CO_2 sorbents were developed using steel slag as a feedstock. Using the steel slag-derived, Ca-Fe bi-functional CO_2 sorbents

with a proper molar ratio of Ca to Fe, the combined CaL-CLC process can be operated auto-thermally for CO_2 capture. Additionally, we illuminated the mechanism of heat integration between Fe-based CLC and Ca-based CaL cycles, and experimentally demonstrated the technical superiority of the combined CaL-CLC process proposed, which helps develop the high-temperature solid looping CO_2 capture theory.

Key words: steel slag; element recovery; CaO-based CO_2 sorbent; calcium looping; CO_2 abatement

目　录

第1章 概　　述

1.1　钢渣的产生与处理现状

1.1.1　钢渣的产生与性质

钢渣(炼钢熔渣)是指在钢铁生产过程中的炼钢环节产生的一类碱性(pH=11.3~12.4)大宗工业固体废物(简称固废),每生产 1 t 粗钢产生 150~250 kg 钢渣,根据炼钢方法可分为转炉渣、平炉渣和电炉渣三类[1]。21 世纪初期以来,全球钢渣年产生量为 1.3×10^8~2.0×10^8 t[2]。2006—2012 年,我国钢渣的产生量逐年上升(表 1.1)。2012 年,我国钢渣的产生量已达 9.3×10^7 t,但其利用率却仅为 20% 左右。除少量用于水泥生产和道路建设等之外,绝大多数钢、铁废渣仍处于露天堆存的状态[3],如果不加以处理,不仅占用土地资源,而且会产生扬尘,污染大气;若排入水体会造成河流淤塞,其中的重金属等有害物质还会对人体和生态环境造成长期的环境风险[4]。

表 1.1　中国历年钢渣产生量及其利用率统计(2006—2012 年)[3]

年　　份	2006 年	2007 年	2008 年	2009 年	2010 年	2011 年	2012 年
产生量/(10^4 t)	5860	6500	6510	7950	8147	9042	9300
利用率/%	10	10	10	22	21	22	22

钢渣的密度一般不超过 3.5 g/cm^3,具有较强的耐磨性。作为一种由多种矿物组成的固熔体,钢渣的性质与其化学成分关系紧密。从元素组成上看(以氧化物的形式表示),钢渣主要由 CaO(40%~50%),SiO_2(10%~20%),MgO(5%~15%),Al_2O_3(1%~5%),FeO(10%~20%)和 MnO(1%~5%)组成[5]。表 1.2 显示了我国主要钢铁厂的钢渣化学组成[6],由于生产工艺相近,我国各大钢铁厂的钢渣化学组成比较一致,氧、钙、硅、铝、

镁、铁、锰几种元素的总含量达 $80\%\sim90\%$。同时,作为一种一般工业固废,钢渣在利用过程中因所含有害重金属或有机物而带来的环境风险也低于粉煤灰和生活垃圾焚烧飞灰等其他固体废物[7]。

表 1.2　我国主要钢铁厂的钢渣化学组成　　%(质量分数)

厂家	CaO	SiO_2	Al_2O_3	MgO	FeO	MnO	P_2O_5	f-CaO
首钢	44.00	15.86	3.88	10.40	7.30	1.11	1.31	0.80
武钢	42.16	13.46	3.46	6.13	20.65	1.39	nd	3.16
唐钢	40.30	13.38	3.54	9.05	14.06	1.40	1.88	0.84
本钢	41.14	15.99	3.00	9.22	7.34	1.11	1.34	0.80
鞍钢	45.37	12.15	3.29	7.98	18.40	1.80	2.31	0.95
马钢	43.15	15.55	3.84	3.42	19.22	2.31	4.08	3.56
宝钢	40.29	8.51	1.93	9.20	18.91	4.09	nd	0.40

1.1.2　钢渣的处理与资源化现状

由表 1.1 可以看出,目前我国的钢渣利用率较低,每年利用量不足 2×10^7 t,当前的主要利用途径为制成钢渣粉、钢渣水泥和钢渣砖,用作钢铁厂烧结矿或硅酸盐水泥熟料的配料,以及道路材料(表 1.3)。其中,用于钢渣砖及道路材料的钢渣比例最大,接近 40%;其次是用于钢渣粉和烧结矿配料,各占约 20%。事实上,钢渣的处理对于西方发达国家而言也是一个难题。在英国,仅有 10% 左右的钢渣得到资源化利用,其他 90% 置于露天堆存或填埋处理[8]。

表 1.3　2012 年中国钢渣主要利用途径及所占比例统计[3]

主要利用途径	利用量/(10^4 t)	占综合利用量的比例/%
钢渣粉	400.4	19.6
钢渣水泥	200.2	9.8
钢渣返回烧结矿配料	440.4	21.5
硅酸盐水泥熟料配料	240.2	11.7
钢渣砖及道路材料	764.7	37.4

1.2　钢渣资源化利用技术发展现状

1.2.1　钢渣的传统资源化利用技术

钢渣的传统资源化途径主要包括 5 个方面。

1. 用做烧结熔剂

烧结矿的生产需配加石灰作熔剂。钢渣中钙元素含量较高,将其加工成粒径小于 10 mm 的钢渣粉,可替代部分石灰石作为烧结材料[9],同时可使转鼓指数和结块率提高,有利于烧结造球过程和提高烧结速度[10]。我国宝钢于 1996 年开始将钢渣返回烧结矿配料,每年可消纳钢渣约 1.5×10^5 t[11]。

2. 用于道路建设

钢渣具有良好的耐磨性能和抗压性能。因此,经陈化后性能较为稳定的钢渣可用作路基材料。在日本和欧洲一些地区,约 60% 的钢渣被用于道路工程[9]。Sas 等[12]通过现场实验证明了钢渣可以满足道路基层和路面的强度要求。Ahmedzade 等[13]证明了钢渣作为粗骨料能够改善沥青混合料的机械性能。我国将钢渣应用于道路工程的研究也起步较早。2009 年,北京长安街大修使用了 1275 t 钢渣沥青混合料,目前道路状况良好[14]。2011 年,乌鲁木齐市北京路北延道路新建工程铺筑一条长 800 m、宽 7.5 m 的钢渣沥青混凝土实验段,现场检测结果表明该路段能够满足《公路工程质量检验评定标准》各项技术要求[15]。

钢渣在道路工程中的应用主要面临两个问题:一是钢渣中 CaO 和 MgO 物相发生水化反应导致体积膨胀;二是钢渣含有的微量重金属在雨水浸泡下会浸出而造成环境风险[9]。因此,钢渣在使用前须满足稳定性要求,并对重金属浸出情况进行考察[16]。

3. 用于生产水泥和混凝土

钢渣中硅酸三钙(C_3S)和硅酸二钙(C_2S)等活性矿物具有一定的水硬凝胶性[17],是生产水泥的适宜原料。Altun 等[18]通过实验证明了掺入 30% 钢渣粉的水泥并不会显著影响其使用性能。温喜廉等[19]发现在混凝土中通过钢渣复掺可配制出抗压强度达 100 MPa 且抗氯离子渗透性能较强的混凝土。

4. 制备微晶玻璃

微晶玻璃的研发起自 20 世纪 60 年代,目前已在许多国家规模化生产[20]。微晶玻璃与普通玻璃的区别在于其制备过程中加入了微量晶核剂,因此可控制其晶化过程,产品较普通玻璃机械强度更高,且耐磨、耐腐蚀、抗风化、抗热震等性能都更为优异[21]。目前对于微晶玻璃制备已有较多研究,例如晶化时间[22]、添加剂[23]、烧结气氛[24]等因素对玻璃性能的影响。

5. 用于农业

由于钢渣具有较强的碱性,其所含 CaO 和 MgO 等物相能够中和土壤酸性,因此钢渣可用于酸性土壤的土质改良[25]。相比于用石灰来中和土壤酸性,钢渣因含有一定量的可溶性镁和磷而具有更优异的土壤改良效果[26]。此外,含磷量较高的钢渣可用于制备磷肥,补充土壤营养物质,使土壤增产;而含 SiO_2 超过 15% 的转炉钢渣磨细至 60 目以下后可作为硅肥施用于水稻田;钢渣还含有铁和锰等其他微量元素,可制成具有缓释性的微量元素肥料[26]。

可见,钢渣的传统资源化利用技术主要是发挥其机械性能,经简单机械或热处理而将其制成钢渣水泥和钢渣砖等道路或建筑材料加以应用。这些传统技术虽简单易行,但资源化产品自身价值低而缺乏市场竞争力是导致目前钢渣应用有限的主要原因。

1.2.2　钢渣的新兴资源化利用技术

除上述传统资源化利用途径外,近年来,一些以利用钢渣的碱性和多孔性为特征的新兴钢渣资源化利用技术不断涌现,主要包括污水除磷、重金属吸附和有害气体去除等。

1. 污水除磷

近年来,利用钢渣去除污水中的无机磷(PO_4^{3-})在国内外出现较多报道。Xue 等[27]采用序批式淋滤反应器研究了转炉钢渣去除污水中 PO_4^{3-}的机理,并考察了 pH 值对钢渣除磷效果的影响。Claveau-Mallet 等[28]利用电弧炉钢渣作为滤池填料来去除污水中 PO_4^{3-}，以沉淀和结晶为机理建立了钢渣除磷动力学模型，并在此基础上，通过实验考察了入水 PO_4^{3-} 浓度、无机碳浓度和水力停留时间对滤料（钢渣）寿命及其除磷效果的影响，结合计算机模拟确定了模型参数[29]。Barca 等[30]用钢渣作滤料，针对一小型湿地系统开展了为期两年的中试规模的现场实验，电弧炉钢渣和转炉钢渣对总磷的去除率可分别达到 37% 和 62%。

2. 重金属吸附

钢渣具有多孔结构和较大的比表面积，且因密度较大而容易从水中分离，这些特征为其应用于污水中重金属吸附提供了可能性。研究表明钢渣对于污水中多种重金属，如 CrO_4^{2-}[31]，Cu^{2+}[32]，Pb^{2+}[33]，As^{3+}/As^{5+}[34]和 Cd^{2+}[35]，均具有较好的吸附效果。

3. 有害气体去除

钢渣对以 H_2S 为代表的一些有害气体具有较好的降解作用。Asaoka 等[36]指出钢渣中的 MnO 可将溶解于水中的 H_2S 氧化去除。Montes-Moran 等[37]通过实验得出常温下钢渣对 H_2S 气体的去除效果可达 180 mg/g，并研究了气体含水率和钢渣粒径对 H_2S 去除效果的影响。Zhang 等[38]的实验表明相比于纯金属氧化物，钢渣可更有效地降解温室气体 SF_6。

对于上述以有害污染物去除为特征的新兴钢渣资源化技术，钢渣在利用后的处理所面临的减量化和无害化问题极大地削弱了其实用性。

4. 矿物碳酸化固定 CO_2

利用钢渣等富含钙、镁的碱性工业固废的加速碳酸化可以直接将 CO_2 以碳酸盐的形式永久固定下来，该方法具有原料廉价且来源广泛、反应活性强和操作简单等优点，是目前 CO_2 矿物碳酸化固定技术的研究热点[2, 39, 40]。钢渣作为一类典型的大宗钙基工业固废，其 CO_2 固定潜能可达 $99\sim135$ kg/t[2]。

Huijgen 等[41]最早研究了以钢渣为原料固定 CO_2 的碳酸化反应机理，在分别考察了钢渣的颗粒尺寸、温度、CO_2 分压及反应时间等因素对反应速率的影响后，他们发现颗粒尺寸和反应温度是碳酸化反应速率的最主要影响因素。在颗粒尺寸小于 38 μm、反应温度为 100℃、CO_2 分压为 19 bar、反应时间为 30 min 的操作条件下,钢渣可以达到 74% 的最大碳酸化率。Bonenfant 等[42]研究了电炉渣和铸余渣两种类型的钢渣在常温常压下对 CO_2 的固定效果。结果表明,铸余渣的 CO_2 固定能力可达 247 g_{CO_2}/kg,是电炉渣 CO_2 固定能力的 14 倍。两种类型的钢渣中游离态氢氧化钙含量的不同是导致其 CO_2 固定能力存在差异的关键因素。Chang 等[43-44]详细研究了钢渣种类、反应时间、反应温度、CO_2 气体流速、液固比、CO_2 分压和初始 pH 值等操作参数对钢渣溶液碳酸化固定 CO_2 效果的影响,结果表明,转炉钢渣相比其他类型钢渣具有更理想的 CO_2 固定效果,其在最优化反应条件下的碳酸化率可达 72%。他们还指出反应温度和反应时间是影响钢渣溶液碳酸化固定 CO_2 效果的两个最重要的影响因素,并运用反应核收缩模型(shrinking-core model)和表面覆盖模型(surface coverage model)解释了钢渣与 CO_2 间溶液碳酸化的反应动力学机理。Yu 等[45]考察了转炉渣和电炉渣两种钢渣高温直接气固碳酸化对 CO_2 的固定效果,结果表明电炉渣在直接气固碳酸化模式下对 CO_2 的固定效果优于转炉渣。他们认为温度和 CO_2 浓度是影响反应过程的关键因素。国内方面,包炜军等[46]以转炉钢渣为原料,在 CO_2 湿法间接碳酸化方面开展了深入的研究,提出的碳酸化-分离-回收耦合强化工艺过程在同样以乙酸为提取剂的情况下,可将间接路线的碳酸化转化率提高到 50%。

综上所述,钢渣等钙基工业固废的加速(强化)碳酸化可实现对 CO_2 的有效固定。然而,可用于碳酸化固定 CO_2 的工业固废在数量上明显少于天然矿物,因此其绝对 CO_2 固定容量远远不及天然矿物。据统计,目前全球每年产生钢渣的 CO_2 固定潜能为 $4.4\times10^7 \sim 5.9\times10^7$ t[2],而这一数量也仅仅为我国钢厂 CO_2 年排放量的 5% 左右。因此,如何设法提高钢渣等工业固废对 CO_2 的总捕集容量是该研究领域未来需要关注的重点。

1.2.3　钢渣资源化利用技术发展存在的问题与技术瓶颈

总体来看,目前在应用领域,国内外的钢渣综合利用技术主要集中在发挥其良好的机械强度和水热稳定性,将其经过简单的机械或热处理而应用于道路建设和建筑行业,这不失为一种简单易行的钢渣消纳途径。然而,由于这些资源化产品的自身价值及附加值均较低、市场竞争力不足、缺乏市场动力,使得钢渣的利用率(消纳量)受到限制。

为此,在实验室研究领域,钢渣资源化技术的研究在整体上已经从少量掺杂制备建筑或路基材料的第一代技术转移到利用钢渣的碱性和孔隙性能等物化特性的第二代技术。然而,这类以污染物吸附或去除为目标的对钢渣进行整体性利用的技术一般无法保证钢渣的减量化和无害化,资源化利用后钢渣的处理成为极大难题。同时,钢渣相对其他材料也并无显著的性能优势。

因此,开发出针对性强、消纳量可观且产品附加值高的资源化技术是目前国内外钢渣综合利用领域发展面临的主要任务。"十二五"以来,我国出台《大宗工业固体废物综合利用"十二五"规划》,明确提出了我国工业固废资源化技术今后应向高附加值和高品位利用方向发展的要求。基于对钢渣中的物质或元素进行深度利用的理念,以钢渣中元素提取和回收为特征的资源化技术应成为未来钢渣综合利用技术的发展方向。

1.3 工业源 CO_2 减排技术发展现状

1.3.1 温室气体 CO_2 减排的整体技术构架

由人类活动排放的 CO_2 是引起全球气候变化的首要温室气体[47]。目前,大气中的 CO_2 浓度已由工业革命前的 280 mL/m^3 迅速上升至 $390 \text{ mL/m}^{3[48]}$,如果 CO_2 在大气中的浓度超过 550 mL/m^3,便可能会对环境造成重大损害[49]。我国目前年 CO_2 排放总量已超过 $10^{10} \text{ t}^{[50]}$,位居世界第一[51]。中国已于 2009 年哥本哈根世界气候大会承诺到 2020 年实现单位国内生产总值(GDP)CO_2 排放量比 2005 年下降 $40\% \sim 45\%$。因此对于我国,在保持经济快速发展的同时,研究和开发有效的 CO_2 减排技术的需求迫切。

目前,一种被称为"碳的捕集、利用和封存"(carbon capture, utilization and storage,CCUS)的 CO_2 排放控制理念受到了广泛的关注和研究。它是指通过一定的技术手段从 CO_2 含量较高的燃烧烟气中捕集 CO_2,获得的高纯 CO_2 气体优先用于食品加工、化肥生产、消防灭火及植物生产等行业[52],多余部分再考虑经压缩、运输而最终转移至废弃油井、气田、煤矿层等地质构造或海洋进行长期封存的技术路线[53]。其中,CO_2 捕集环节的成本最高,可达到 CCUS 总成本的 $60\% \sim 70\%$[54]。因此,如何实现 CO_2

的高效、快速捕集成为了 CCUS 技术研究的热点。

根据碳捕集原理的不同,CCUS 技术可分为燃烧前 CO_2 捕集(pre-combustion CO_2 capture)、过氧燃烧 CO_2 捕集(oxy-combustion CO_2 capture)和燃烧后 CO_2 捕集(post-combustion CO_2 capture)三类技术[55]。由于技术原理简单、易于操作及易于与现有工业生产单元或设备相结合,燃烧后 CO_2 捕集技术成为最具应用前景且发展最迅速的 CO_2 捕集技术。

1.3.2 燃烧后 CO_2 捕集技术的发展现状

燃烧后 CO_2 捕集技术的原理如图 1.1 所示,主要是利用合适的 CO_2 吸附材料,在一定操作条件下与燃烧烟气中 CO_2 发生作用而将其吸附,操作条件改变时,又能够将所吸附的 CO_2 解吸释放,从而将高纯度 CO_2 从燃烧烟气中分离出来,经压缩后进行利用或转移封存。同时,CO_2 吸附材料本身得到再生回用以实现对 CO_2 的循环捕集。

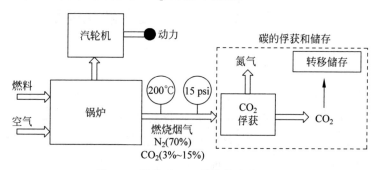

图 1.1 燃烧后 CO_2 捕集技术的原理

目前,燃烧烟气中 CO_2 的捕集技术主要有液胺吸收法、沸石吸附法和石灰石循环煅烧法。此外,具有应用前景的新兴技术还包括碳酸盐溶液吸收法、矿物碳酸化固定法、膜分离法、离子液体吸收法、金属有机结构材料吸附法等[56]。

液胺吸收法具有技术成熟和操作方便的优点,它是指以单乙醇胺(MEA)等有机胺液体为 CO_2 吸收剂将通入其中的烟气 CO_2 捕集下来,当对所得溶液进行加热时,便可将吸收的 CO_2 释放,同时吸收剂本身得以再生并继续用于 CO_2 捕集的循环过程[54]。液胺吸收法具有反应速率快、对低浓度 CO_2 敏感、对水蒸气抗性强及设备工艺成熟等优点[57]。华能集团于 2009 年在上海石洞口第二火电厂启动了液胺 CO_2 捕集系统[58],该系统以乙醇胺和添加剂的混合物为吸收剂,每年可捕集原厂排放燃烧烟气中 3%(约 1.2×10^5 t)的 CO_2,进一步调整电厂的设计和吸收剂,可使系统能效提升 11%~14%,而每吨 CO_2 的捕集成本仅为 30~35 美元,远远低于美国和欧洲使用第 1 代技术实施燃煤电厂 CO_2 捕集所预估的 100 美元/t_{CO_2} 这一标准成本。如果在其他国家也能实现同等的成本下降,那么它将有可能缩短 CCUS 技术商业化引进的时间表。Fluor 公司开发的 Econamine FG+酸性气体去除工艺(以乙醇胺溶液为吸收剂)目前已应用于贝灵哈姆(美国)的一家天然气燃烧发电厂,并达到 350 t/d 的 CO_2 捕集规模[59];而 MHI 公司也开发了一套以一种新型液胺为吸收剂的 KS-1 工艺,用以实现对燃烧烟气中 CO_2 的捕集[60]。然而,液胺吸收法进一步的发展还需要解决吸收剂损失、再生能耗大及设备腐蚀等问题[61]。其中,在降低吸收剂的再生能耗方面,已有研究分别通过提高吸收剂浓度[62]和添加催化剂[63]等手段进行了探索。

沸石吸附法主要是利用沸石材料对 CO_2 的吸附性能随压力和温度变化的特性,通过改变其在吸附 CO_2 和解吸 CO_2 阶段的压力或温度条件来实现对燃烧烟气中 CO_2 的捕集[64]。Clausse 等[65]以 5A 沸石为吸附剂,采用"单床、两阶段"反应器研究了解吸温度(100~200℃)和吹扫速率(0.1~0.5 Ndm^3/min)两个因素对 5A 沸石捕集 CO_2 效果的影响。在保持 CO_2 分离纯度为 95% 的前提下,实验中得到了气体捕集率为 81%、吸附剂捕集效率为 57.7 g_{CO_2}/(kg·h)和能量消耗为 3.23 MJ/kg_{CO_2} 的理想结果。Su 和 Lu[66]采用双柱真空/变温吸附技术研究了 13X 沸石对燃烧烟气中 CO_2 的循环捕集效果。结果表明,13X 沸石在循环吸附-解吸 100 次之后仍可保持 61 mg_{CO_2}/g 的吸附能力,且 CO_2 的分离纯度可达 90% 以上,表现了较稳定的 CO_2 捕集效果。他们还在研究中发现 13X 沸石在 30℃ 以下时具有较好的水蒸气抗性,从而表明了 13X 沸石是一种比较理想的 CO_2 吸附材料。然而沸石材料在高温下的水蒸气抗性还需要进一步验证。另外,为进一步降低沸石吸附法捕集 CO_2 的成本,Liu 等[67]和 Lee 等[68]尝试以粉煤灰为原料通过碱熔-水热反应法合成沸石用于 CO_2 捕集的研究,并在实验室的条件下得到了比较满意的结果。但是,沸石作为物理性吸附材料,对 CO_2 的吸附力较弱,吸附选择性也较差,因此容易造成水蒸气的竞争吸附而降低 CO_2 吸附能力。在实际应用中,这种材料面临的最大问题是对温度变化十分敏感,它们通常在常温甚至更低的温度条件下(远低于燃烧烟气温度)才

对 CO_2 表现出较理想的吸附性能,而当温度升高时,其 CO_2 吸附能力会逐渐下降[69]。如果这些问题得以有效解决,沸石材料便会真正具有捕集 CO_2 的可行性。

膜分离法主要是依据某种气体通过膜的速率与膜材料对其的渗透性成正比的原理来实现气体分离。如果选择合适的膜材料,使得其对 CO_2 的渗透性高于燃烧烟气中的其他成分,CO_2 便会优先通过膜而被分离[54]。通常情况下,需要膜两侧具有较大的 CO_2 分压差,才能保证较好的 CO_2 分离效率。目前开发出的膜材料包括无机的二氧化硅膜、沸石膜和有机高分子聚合物膜[56],另外,一些对 CO_2 有较强选择性的表面用胺等物质修饰的新型膜材料的研究也正在进行。UOP(Separex)公司现已开发出一套有机膜材料分离工艺,可满足一个规模为 300 MW 的天然气燃烧发电厂捕集 CO_2 的需求[70]。然而,膜分离法的进一步发展还需要解决膜分离过程的动力消耗较大、燃烧烟气中颗粒等杂质易造成膜堵塞及其处理规模难扩大等问题[55]。

近年来,大量新兴 CO_2 吸附材料,如金属有机结构材料(MOFs)被不断开发出来,这些材料通过将金属离子与空间结构清晰规则的有机配合体组合,使其具备腔体尺寸适宜且空间结构扩展的特性。目前已经开发出超过 600 种 MOFs 材料,其中 MOF-177 的比表面积最大,在高压下的 CO_2 吸附效率也较好[71]。Banerjee 等[72]以金属锌或钴和有机物咪唑为前驱体合成了 25 种沸石咪唑结构吸附材料(ZIFs),其中的 ZIF-68,ZIF-69,ZIF-70 三种材料在 390℃ 的高温下表现出良好的结构稳定性,并具有高达 1970 m^2/g 的比表面积,在 CO_2 和 CO 的混合气氛中,这三种材料也表现出较强的 CO_2 选择性。在常压、273K 的条件下,每升 ZIF-69 能够吸附高达 83 L 的 CO_2。然而,金属有机结构材料虽然可大幅改善材料的 CO_2 选择性和吸附能力,但材料的制备成本昂贵、与现有工艺设备不匹配及对烟气中杂质气体的抗性较差等问题是限制其进一步发展的主要原因。

基于钙、镁等碱(土)金属氧化物与 CO_2 的碳酸化反应发展而来的矿物碳酸化固定法具有操作简便,原料廉价且来源广泛,以及反应本身放热而利于降低操作成本等优势,表现出较强的发展潜力。矿物碳酸化技术模仿了自然界中的矿物风化过程,即利用某些含钙、镁等金属的碱性矿物(包括天然矿物和工业固废)与 CO_2 发生反应形成相应金属的碳酸盐而固定 CO_2,同时使矿物本身趋于稳定化。虽然矿物碳酸化过程在自然条件下非常缓慢,但是可以通过操作条件的控制实现过程强化和加速反应的效果。

最初有关矿物碳酸化固定 CO_2 的研究主要集中于蛇纹石、橄榄石和钙硅石等钙、镁天然硅酸盐矿物,这是因为天然矿物具有 CO_2 储存能力巨大的优点。全球很多国家和地区,如芬兰、葡萄牙、加拿大、澳大利亚东海岸和美国西海岸等均是适合 CO_2 长期固定的矿物地质[73]。Lackner 等[74]研究发现,粒径为 100 μm 的蛇纹石($Mg_3Si_2O_5(OH)_4$)在 500℃和 3.4×10^6 Pa 的 CO_2 分压下,反应 2 h 获得的最大碳酸化率为 25%。Maroto-Valer 等[75]也以粒径为 75 μm 的蛇纹石为固碳原料,在碳酸化反应前预先采用高温蒸汽活化、硫酸活化、氢氧化钠活化等物理或化学方法来活化矿物原料表面,使得其比表面积得到不同程度的增加,原料的碳酸化效果也得到一定的加强,矿物原料中 Mg 的碳酸化率由 7% 上升到 60%。虽然利用天然矿物的碳酸化方法可直接将 CO_2 以碳酸盐的形式长期封存,但是其 CO_2 固定速率过于缓慢,需要大量烟气运输或天然矿物开采等原因造成这种方法的 CO_2 固定成本较高。Huijgen 等[76]比较了以钙硅石(天然矿物)和钢渣(工业固废)为原料的矿物碳酸化 CO_2 固定过程,分别得到了 102 欧元/t_{CO_2}(钙硅石)和 77 欧元/t_{CO_2}(钢渣)的 CO_2 固定成本,从而证明了以钢渣等钙基工业固废作为原料固定 CO_2 的成本相比天然矿物具有进一步降低的潜力。这是因为工业固废的产生源也经常是 CO_2 的排放源,其原位固定 CO_2 可使原料运输成本大大降低,而且工业固废往往颗粒较小而无须破碎和研磨等原料预处理。此外,其较高的反应活性也可使 CO_2 固定效率有效提高。

Gunning 等[40]考察了钢铁、水泥、冶金、造纸、垃圾焚烧和燃煤发电等 17 种行业产生的各类碱性工业固废对 CO_2 的固定潜能。其中,钢渣、水泥生产废渣和造纸污泥焚烧飞灰的碳酸化效果最佳。可见,许多种类的工业固废均具有矿物碳酸化固定 CO_2 的潜能。Prigiobbe 等[77]研究了医疗垃圾焚烧飞灰与 CO_2 间的气-固碳酸化反应,发现反应温度和反应气氛中 CO_2 浓度是影响其 CO_2 固定效果的主要因素,当反应温度达到或超过 350℃、反应气氛中 CO_2 浓度达到 10% 时,会取得比较理想的固碳效果。在不同的操作温度和 CO_2 浓度组合下,样品的最大碳酸化率可达 60%~80%。而当反应温度达到或超过 400℃时,温度和 CO_2 浓度这两个条件的改变则对样品的最大碳酸化率影响不大。美国最大燃煤电厂之一的 Jim Bridger 电厂(2120 MW)目前正在开展利用本厂煤飞灰固定燃烧烟气中

CO_2 的示范工程[78]。煤飞灰（100～300 kg/d）对烟气 CO_2 的固定通过一流化床反应器（0.9～1.2 m，ϕ3.7 m）实现，在 60℃、115.1 kPa、飞灰平均粒径为 40 μm 的操作条件下，2 min 时间内可使烟气 CO_2 浓度从 13.0% 下降至 9.6%，同时对烟气中的 SO_2 和 Hg 也具有很好的去除效果。然而，与钢渣相同，其他碱性工业固废通过矿物碳酸化对 CO_2 的固定容量相比天然矿物也十分有限，CO_2 捕集能力尚需要大幅提高。

1.3.3　钢铁行业 CO_2 减排技术的发展现状

目前，工业源 CO_2 排放已接近全球年 CO_2 排放量的 40%，成为全球最大的 CO_2 排放源[79]。其中，钢铁行业作为全球能量消耗最大的生产工业[80]，平均每生产 1 t 粗钢将造成约 2 t CO_2 排放。全球钢铁行业当前的年 CO_2 排放量已超过 2.5×10^9 t，约占全球 CO_2 排放总量的 5%[81]。我国已成为全球钢产量最大，同时也是钢铁行业 CO_2 排放量最高的国家。自 2006 年起，我国钢铁行业的 CO_2 年排放量便已超过 10^9 t，约占全国 CO_2 排放总量的 10%[50, 82]。为有效控制温室气体排放造成的全球气候变化，政府间气候变化委员会（IPCC）制定了 2DS 方案，要求到 2025 年，全球钢铁行业的 CO_2 排放量比 2011 年下降 13%[83]。可见，我国钢铁行业面临着艰巨的 CO_2 减排任务，发展适合钢铁行业特点的 CO_2 减排技术在我国已迫在眉睫。

钢铁行业 CO_2 排放区别于其他高能耗工业行业的特征在于其 CO_2 并不是集中排放，而是分散在钢铁生产流程的各个工艺单元中。由于钢铁生产的工艺特点，炼焦过程中产生的焦炉煤气（COG）和高炉炼铁过程中产生的高炉尾气（BFG）中有一定量的氢气、一氧化碳和甲烷等可燃性气体，因此常作为低热值的燃气被输送到厂内其他工艺单元，提供其所需能量。这种方式可以最大限度地削减外部能量需求，提高能源利用率，但是 CO_2 分散排放的情况也给钢铁行业碳捕集带来了极大的挑战。研究表明[80]，钢铁行业约 70% 的 CO_2 排放来源于高炉炼铁环节，因此有效实现高炉炼铁环节的 CO_2 减排，对于钢铁行业碳减排目标的实现具有十分重要的意义。

目前，钢铁行业碳减排技术的研发在欧美发达国家已逐步兴起，且近年来呈现快速发展之势。然而，我国钢铁行业碳减排技术的研发工作目前尚未见报道。总体来说，钢铁行业碳减排技术主要分为提高能量利用率、改进现有生产工艺和使用 CO_2 捕集与封存技术三大类。提高能量利用率主要包括从钢铁生产过程产生的废气和废物中回收能量等措施,然而研究表明[79],随着传统钢铁生产工艺的日臻成熟,单独依靠提高能量利用率已无法满足其巨大的碳减排需求。而在改进生产工艺方面,则大多集中在对炼铁环节技术工艺的调整。Corex 工艺[84]采用纯氧代替空气通入高炉,省去了铁矿石预烧结和煤粉炼焦环节,有效削减了这两个工艺环节的 CO_2 排放。DRI 工艺[85]采用天然气或合成气取代焦炭,作为还原剂在高炉中直接还原铁矿石,因此在 Corex 工艺基础上,进一步减少了高炉炼铁环节的 CO_2 排放。

CCUS 技术被认为是目前唯一能够让工业部门(例如钢铁、水泥和天然气加工等行业)实现深度 CO_2 减排目标的技术[86]。国际工业发展组织(UNIDO)预计[87],如果技术、财政和成本因素能够被有效克服,那么 CCUS 技术有望在 2020 年至 2050 年间在大型钢铁厂中推广使用。欧盟的 ULCOS(ultra low CO_2 steel making)项目[88]是目前应用于钢厂碳减排实践的最先进的 CCUS 技术,它可同时检验三种 CO_2 吸附剂的应用效果,同时实现多种减排方案。日本的 Course50 项目[89-90]则使用改性液胺吸收法进行钢厂 CO_2 捕集,也取得了较好的效果。在全球范围内,能够与钢铁生产工艺相整合的新型 CCUS 技术的开发将成为主要发展方向。

1.3.4 工业源 CO_2 减排技术发展存在的问题

燃烧后 CO_2 捕集技术的研究目前主要集中在设备工艺优化和吸附材料开发这两个方面。设备工艺的优化通常是结合某种吸附材料自身的特点,对已有的发展较成熟的设备进行改造并对工艺参数进行优化。然而,目前开发出的各种 CO_2 吸附材料中,无论是物理性吸附材料、化学性吸附材料还是膜材料,都存在一定的问题需要解决,短期内难以达到实际应用中大规模和低能耗的要求。因此,开发高效 CO_2 吸附材料仍然是燃烧后 CO_2 捕集技术未来发展的主要方向。同时,还需要综合考虑材料、设备及工艺间的关系,只有做到材料开发、工艺优化和设备改造三者的集成与统一,才能真正实现燃烧后 CO_2 捕集技术的突破性发展。

总体来说,材料在实际条件下的 CO_2 吸附(收)效率较低和再生能耗较高是造成目前所开发的多数燃烧后 CO_2 捕集技术运行成本较高(50～100 美元/t_{CO_2})的主要原因[73, 91]。因此,开发具有高选择性、高吸附量、高循环稳定性、低成本和低再生能耗的 CO_2 吸附材料仍是该领域研究的难点。

1.4 高温钙循环 CO_2 捕集技术发展现状

1.4.1 高温钙循环 CO_2 捕集技术原理与工艺

石灰石(氧化钙)循环煅烧法主要是基于高温钙循环原理对 CO_2 进行捕集,其工艺过程如图 1.2 所示。高温钙循环 CO_2 捕集技术具有环境友好、操作简便、易于余热利用等优点[64],被认为是可以替代液胺吸收法的最具商业化应用前景的燃烧后 CO_2 捕集技术[91]。

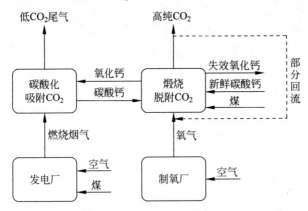

图 1.2 燃煤电厂高温钙循环 CO_2 捕集技术原理图[97]

利用钙基 CO_2 吸附材料捕集 CO_2 主要是依据如下可逆反应:
$$CaO(s) + CO_2(g) \Longrightarrow CaCO_3(s) ,\ \Delta H < 0 \tag{1-1}$$
该反应的热动力学可以用如下方程描述:
$$\lg p_{CO_2} = 7.079 - (8308/T) \tag{1-2}$$
石灰石(氧化钙)是最典型的钙基 CO_2 吸附材料,也是当前研究得最为广泛的化学性 CO_2 吸附材料[92],具有廉价、环境友好、CO_2 吸附容量大(理论吸附量为 0.78 g_{CO_2}/g_{CaO})等优点。Fennell 等[93]利用一小型流化床装置研究了五种不同产地的石灰石原料对 CO_2 的循环捕集效果。在反应温度为 750℃、煅烧温度为 900℃ 的循环条件下,五种石灰石的 CO_2 吸附转化率均随循环次数的升高而逐渐降低。当循环次数达到 20 次时,吸附剂的转化率均由初始的 100% 下降至 30%～40%。他们在研究中还发现,每次循环时 CaO 的转化率与其内部小于 150 μm 的微孔比例成正比。其他一些研究也表明[94-96],由于材料高温烧结和孔隙塌陷,CaO 在循环煅烧过程中循环吸附能力迅速降低是限制天然钙基 CO_2 吸附材料(石灰石)应用与发展的最重要原因。因此,对石灰石(氧化钙)等天然钙基 CO_2 吸附材料进行改性或强化处理以提高其 CO_2 循环吸附能力成为该领域的研究热点。

1.4.2　高温钙基 CO_2 吸附材料开发与应用

高温钙基 CO_2 吸附材料的开发工作最初致力于提高天然石灰石材料的 CO_2 循环吸附性能,主要措施包括掺入添加剂[98-100]、蒸汽(水合)活化[101-103]和热活化[94, 104]。为进一步提高钙基材料的 CO_2 吸附性能,近年来,以纯化学试剂为前驱体的合成钙基 CO_2 吸附材料不断涌现,这些材料与改性天然石灰石材料相比,普遍具有更为可控的孔隙结构和更优越的 CO_2 循环吸附性能。其主要合成策略是设法使材料拥有较大的比表面积和孔体积,同时在 CaO 基体中掺入惰性抗烧结物相以支撑材料孔隙,避免CaO 颗粒间烧结团聚[105]。

Lu 等[106]采用火焰喷雾热解技术分别合成了 Si, Ti, Cr, Co, Zr 和 Se 掺杂的纳米氧化钙 CO_2 吸附材料。其中,Zr 与 Ca 的物质的量比为 3∶10时的合成 CaO 吸附材料表现出最佳的机械强度和 CO_2 循环吸附性能。Koirala 等[107]同样运用火焰喷雾热解技术合成了一系列由不同比例 ZrO_2掺杂的 CaO 吸附材料。其中,Zr 与 Ca 的物质的量比为 5∶10 时材料表现出最佳的抗烧结性能,循环 1200 次后仍能保持稳定的 CO_2 吸附量(CaO 的碳酸化率在 60% 以上)。他们在研究中发现,吸附材料中均匀分散的$CaZrO_3$ 纳米颗粒可以抑制 CaO 晶体在煅烧过程中的团聚生长,从而有效提高材料的抗烧结性能。Luo 等[108]采用三种不同方法合成了 La_2O_3 掺杂的 CaO 吸附材料,均匀分布的细孔结构提高了材料吸附 CO_2 的循环稳定性。Ca 与 La 的物质的量比为 10∶1 时,吸附材料在循环 20 次后的碳酸化率仍可高达 72%。Roesch 等[109]合成的 Cs 掺杂 CaO 吸附材料在提高材料抗烧结性能方面也取得了较好的效果。然而,上述合成 CaO 吸附材料虽然可明显改善材料的抗烧结性能,提高其 CO_2 吸附循环稳定性,但是它们多采用重金属或贵金属作为掺杂剂,这一方面大幅提高了钙基吸附材料的制备成本,另一方面也加大了吸附材料在实际使用时的环境风险。

一些研究表明,向 CaO 基体中掺杂 MgO 或 Al_2O_3 等难熔非贵金属氧化物也可改善其抗烧结性能。Filitz 等[110]以硝酸钙和硝酸镁为原料,采用加碱协同沉淀技术合成了由 MgO 掺杂的钙基白云石吸附材料,在碳酸化/煅烧循环 15 次后,其 CO_2 吸附量仍可高达 0.51 g_{CO_2}/g,相当于天然石灰石的两倍以上。Broda 等[111]以醋酸钙和醋酸镁为原料,采用有机溶剂"沸点蒸煮"重结晶技术合成了高效 MgO 掺杂 CaO 吸附材料,其在 10 次(模拟)实际高温钙循环后的 CO_2 吸附量仍可高达 0.47 g_{CO_2}/g,而 MgO 的掺杂量仅需 8%。Li 等[112]率先报道了向 CaO 中掺杂 Al_2O_3 可提高其 CO_2 吸附循环稳定性的研究成果,他们以硝酸铝和氧化钙为原料,通过湿浸渍方法得到了 $Ca_{12}Al_{14}O_{33}$ 掺杂 CaO 吸附材料,并证明在其煅烧过程中形成的 $Ca_{12}Al_{14}O_{33}$ 物相的黏合剂作用是 CaO 的抗烧结性能得以改善的重要原因。Wu 等[113]以纳米碳酸钙和铝溶胶为原料,采用溶胶-凝胶法合成了纳米 CaO/Al_2O_3 吸附材料,其在碳酸化温度为 650℃和煅烧温度为 800℃的条件下循环 50 次,仍可保持 68.3% 的碳酸化率。随后,Ridha[100]和 Manovic[114-115]等学者也通过不同原料或采用不同方法合成了 Al_2O_3 掺杂 CaO 吸附材料,并证明了其优异的 CO_2 吸附循环稳定性。通过掺杂铝或镁得到的合成 CaO 吸附材料,其成本相比掺杂贵金属可进一步降低,并且有效避免了材料使用过程中可能造成的环境风险。但是,这些合成 CaO 吸附材料通常以含钙、铝、镁的纯化学试剂为原料制备,寻找廉价、绿色且量大面广的钙、镁和铝前驱体原料,对于镁或铝掺杂合成 CaO 吸附材料的发展和应用具有重要的意义。

1.4.3　高温钙循环技术应用于工业源 CO_2 捕集的技术展望

作为一类高温 CO_2 捕集过程(典型操作温度区间为 650~950℃),高温钙循环技术在实际应用中除面临材料(氧化钙)随循环煅烧而烧结失活的问题外,其较高的运行能耗是限制其发展的另一重要因素,这一问题主要来源于 $CaCO_3$ 煅烧分解阶段的高能耗,该环节也在很大程度上决定着高温钙循环 CO_2 捕集技术的运行成本[116]。尽管近年来该领域的研究已经在热量利用[117]、设备改造[118]和工艺优化[119]等方面使得高温钙循环过程的能量效率得以有效提高,但对于工业源 CO_2 捕集,其距离规模化应用的经济适用性仍有待进一步提高。值得注意的是,石灰石本身是钢铁、水泥和石油化工等众多工业生产过程的必需原料,这便为其与工业生产过程相整合以最大限度地提高系统能量效率、为失效钙基 CO_2 吸附材料的处理提供了可能。目前,将高温钙循环 CO_2 捕集过程与水泥生产工艺过程相整合,以失效钙基 CO_2 吸附材料作为原料生产水泥,从而实现热量利用、水泥生产和水泥行业碳减排相协同的高效性已得到有力验证[120-123]。

1.5 研究目的、内容和技术路线

1.5.1 研究目的与意义

钢渣是我国主要大宗工业固废之一,年产生量接近 1×10^8 t,但综合利用率却仅为 20% 左右,目前已有累计超过 10^9 t 钢渣被迫堆存,占用土地资源,造成环境污染。国内外现有钢渣综合利用技术虽简单易行,但由于资源化产品自身价值低、缺乏市场竞争力而应用有限。同时,钢铁行业也是全球最大的工业 CO_2 排放源。我国钢铁行业年 CO_2 排放量已超过 1.5×10^9 t,占全球排放总量一半以上, CO_2 减排任务艰巨。然而在全球范围内,钢铁行业碳减排技术研究却刚刚起步,我国尚无相关研究报道,适合大规模应用于钢铁行业的 CO_2 捕集技术亟待开发。

针对我国钢铁行业面临的钢渣高品位综合利用和 CO_2 减排这两大迫切需求,本书以钢渣的高品位资源化利用为目标,开展以钢渣为原料制备高效钙基 CO_2 吸附材料,并将其应用于钢铁行业原位 CO_2 捕集的研究,从而在实现钢铁行业 CO_2 减排的同时,达到钢渣中钙、铁元素回收利用的目的,以废治废,清洁生产,实现环境效益、经济效益和社会效益的统一,为钢渣的高值利用提供新的研究思路。

1.5.2 研究内容

本书的主要研究内容如下:

(1)钢渣高温气固碳酸化直接固定 CO_2 的实验研究

针对目前研究对钢渣碳酸化理论和反应动力学特征认识不清的问题,系统研究了钢渣高温气固碳酸化直接固定 CO_2 的效果、影响因素和反应动力学特征,实验测定了钢渣的理论 CO_2 固定潜能,提出颗粒一级反应动力学复合金斯特林格扩散模型并解析了钢渣高温气固碳酸化动力学特征和反应参数,探究了钢渣在高温钙循环模式下的 CO_2 捕集效果。

(2)钢渣的元素浸出特征及钙、铁元素回收

针对钢渣中可用于碳酸化固定 CO_2 的活性钙比例较低这一限制因素,以钢渣中钙、铁元素的分离和回收为目标,对钢渣中各元素的酸浸出特征及其影响因素展开了系统的实验研究。并在此基础上,对钢渣中钙元素酸浸取和铁元素磁选回收的工艺参数进行了优化。

（3）钢渣制备钙基 CO_2 吸附材料及其 CO_2 吸附性能研究

以钢渣为原料，采用协同沉淀法制备出钙基 CO_2 吸附材料，并对材料的物化性能和 CO_2 吸附性能进行了系统的表征。本书还研究了钢渣源钙基 CO_2 吸附材料在高温钙循环模式下捕集 CO_2 的影响因素，分析了钢渣源钙基 CO_2 吸附材料基于高温钙循环捕集 CO_2 的抗烧结稳定化机理，并开展了钢渣源钙基 CO_2 吸附材料应用于钢铁行业碳捕集的初步技术经济分析。

（4）基于钢渣源钙-铁双功能材料的新型自热式 CO_2 捕集过程

针对传统高温钙循环技术传热效率低、CO_2 浓缩气易受污染和再生钙基材料易中毒失活的瓶颈问题，提出基于化学链燃烧技术耦合高温钙循环技术的新型自热式 CO_2 捕集过程，并据此开发出钢渣源钙-铁双功能 CO_2 吸附材料，解析了该过程的自热补偿机理，实验证明了其用于高效 CO_2 捕集的技术优越性。

1.5.3 技术路线

根据上述研究内容，本研究工作将按照以下技术路线（图 1.3）展开。

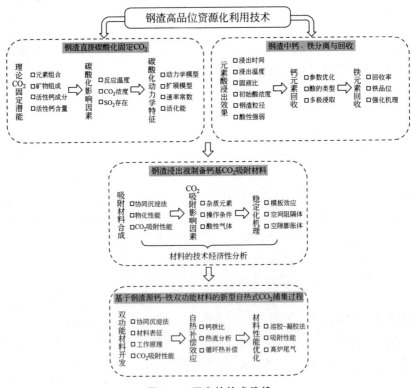

图 1.3 研究的技术路线

第 2 章　实验材料与方法

2.1　实验材料

2.1.1　实验试剂与药品

去离子水、高纯水(电导率 $\geqslant 18.0\ \Omega/cm$)、冰醋酸($\geqslant 99.5\%$)、浓磷酸($\geqslant 85.0\%$)、氧化镁($\geqslant 99.99\%$)、三氧化二铝($\geqslant 99.95\%$)、三氧化二铁($\geqslant 99.99\%$)、二氧化锰($\geqslant 99.99\%$)、浓硝酸($65.0\%\sim68.0\%$)、无水碳酸钠($\geqslant 99.8\%$)、九水合硝酸铁($\geqslant 98.5\%$)、一水合柠檬酸($\geqslant 99.5\%$)、氨水($25.0\%\sim28.0\%$)、乙二醇($\geqslant 99.0\%$)。

本研究使用的全部实验气体均由北京兆格气体科技公司提供。

2.1.2　钢渣样品的采集与预处理

本研究使用的钢渣样品均采集自北京首钢集团河北迁安钢铁厂,属于经水洗和破碎后的转炉钢渣。新鲜钢渣取回后首先在 105℃ 下烘干过夜,随后筛分成 0.1 mm 以下、0.1～0.5 mm、0.5～1 mm 和 1～2 mm 四种粒径范围,并分别用塑封袋密封保存。

2.2　钢渣的元素浸取与回收实验

2.2.1　钢渣中元素的酸浸取实验

将一定粒径范围的钢渣样品与已知浓度的醋酸或硝酸溶液以一定的固液比(钢渣质量与醋酸溶液体积之比,g/mL)混合,随后在一定温度下对混合液进行机械搅拌,搅拌桨转速保持在 500 r/min 左右;达到预定时间后,停止搅拌,并利用 himac CR22G 型高速冷冻离心机(日本日立)对混合液进行离心分离,从而得到钢渣浸出液用以后续分析,离心沉淀相(即钢渣的酸浸出残渣)则经 105℃烘干过夜后,用于磁选回收铁元素实验。

2.2.2 钢渣中铁元素回收的磁选实验

采用 KMS-181E 型离心式磁力分选机(上海精凿科技)开展钢渣及其酸浸出残渣的磁选回收铁元素实验。其工作原理是,位于分选仓底部表面磁场强度为 0.4 T 的磁子以一定速度沿竖直中轴旋转,转速可调。因此,待选样品中所受磁子磁场力高于离心力的铁磁性成分将会被分选出来并加以回收。每次实验中,将约 5 g 钢渣或其酸浸出残渣置于分选仓内,并在一定磁子转速(100~500 r/min)下磁选 3 min 后回收所得富铁矿物。

2.2.3 钢渣中元素浸取效果与铁元素回收效果测试

采用 iCAP7400 型电感耦合等离子体原子发射光谱仪(ICP-AES,美国赛默飞)测定钢渣浸出液中钙、镁、铝、铁、锰和硅 6 种元素的含量。实验中选择如下特征谱线进行元素的定量分析:Ca 选择 317.9 nm 谱线,Mg 选择 280.2 nm 谱线,Al 选择 396.1 nm 谱线,Fe 选择 259.9 nm 谱线,Mn 选择 257.6 nm 谱线,Si 选择 251.6 nm 谱线。钢渣浸出液样品在测试前,需用高纯水稀释 200 倍后经 0.45 μm 滤膜过滤处理。

采用 Niton XL2 型 X 射线荧光分析仪(美国赛默飞)测定磁选回收富铁矿物中的铁元素含量。

2.3 钢渣源钙基 CO_2 吸附材料的制备

2.3.1 协同沉淀法合成钢渣源钙基 CO_2 吸附材料

将粒径范围在 0.1 mm 以下的钢渣样品与 1 mol/L 醋酸溶液以 1 g:10 mL 的固液比进行混合,随后在室温条件下对混合液进行机械搅拌,搅拌桨转速保持在 500 r/min 左右;0.5 h 后,停止搅拌,并对混合液进行离心分离,从而得到钢渣浸出液和离心沉淀相(即酸浸出残渣)。所得钢渣浸出液在 105℃下烘干 12 h 即可得到新鲜钢渣源钙基 CO_2 吸附材料,再在 900℃下空气气氛中煅烧 2 h 而最终制得稳定钢渣源钙基 CO_2 吸附材料。为研究初始酸浓度、固液比和浸出时间等材料合成过程中的操作参数对其性能的影响,实验中通过改变操作参数合成了其他几种钢渣源钙基 CO_2 吸附材料用以对比(表 2.1)。采用命名法"A-B-C"来表述所合成的钢渣

源 CO_2 吸附材料,其中,A 代表初始酸浓度,B 代表浸出时间,C 代表固液比。

为进一步研究钢渣源钙基 CO_2 吸附材料中镁、铝、铁和锰四种杂质元素的存在对其 CO_2 吸附性能的影响,分别向经磷酸除杂后的 4mol/L-1h-1g/20mL 钢渣浸出液中定量添加氧化镁、三氧化二铝、三氧化二铁和二氧化锰粉末并使其溶解于钢渣浸出液中,从而分别制得镁掺杂、铝掺杂、铁掺杂和锰掺杂的钢渣源 4mol/L-1h-1g/20mL 材料。

表 2.1　金属醋酸盐协同沉淀法合成的钢渣源钙基 CO_2 吸附材料

材　　料	初始酸浓度 /(mol/L)	固液比 /(g∶mL)	浸出时间 /h
1mol/L-0.5h-1g/10mL	1	1∶10	0.5
1mol/L-2h-1g/10mL	1	1∶10	2
2mol/L-0.5h-1g/5mL	2	1∶5	0.5
2mol/L-2h-1g/5mL	2	1∶5	2
3mol/L-2h-1g/10mL	3	1∶10	2
4mol/L-1h-1g/20mL	4	1∶20	1
5mol/L-2h-1g/10mL	5	1∶10	2

2.3.2　协同沉淀法合成钢渣源钙-铁双功能 CO_2 吸附材料

将粒径范围在 0.1 mm 以下的钢渣样品与 2 mol/L 硝酸溶液以 1 g∶20 mL 的固液比进行混合,随后在室温条件下对混合液进行磁力搅拌,搅拌桨转速保持在 500 r/min 左右;1.5 h 后,停止搅拌,并对混合液进行离心分离而得到钢渣浸出液。

以 1 mol/L 碳酸钠溶液为沉淀剂,在常温且磁力搅拌条件下,将其逐滴加入所得钢渣浸出液中。当混合液 pH 值达到 9.0 时,停止滴加碳酸钠溶液并将混合液老化 2 h。随后,对混合液进行真空抽滤,并用去离子水对滤饼进行反复冲洗(去除滤饼中的 Na^+ 和 NO_3^-),直至冲洗液的电导率低于 100 μS/cm 为止。所得滤饼在 105℃下烘干 12 h 后,再在 800℃下空气气氛中煅烧 2 h 而制得协同沉淀法钢渣源钙-铁双功能 CO_2 吸附材料。此外,通过向所得原始钢渣浸出液中定量添加硝酸铁($Fe(NO_3)_3 \cdot 9H_2O$)可以得到不同钙/铁物质的量比的钢渣源钙-铁双功能 CO_2 吸附材料。采用命名法"Ca∶Fe_x∶y"来表述所合成的钢渣源钙-铁双功能 CO_2 吸附材料,其中,x∶y 代表材料中钙元素与铁元素的物质的量比。

2.3.3　溶胶-凝胶法合成钢渣源钙-铁双功能 CO_2 吸附材料

将粒径范围在 1~2 mm 的钢渣样品与 4.5 mol/L 硝酸溶液以 1 g : 10 mL 的固液比进行混合,随后在室温条件下对混合液进行机械搅拌,搅拌桨转速保持在 500 r/min 左右;2 h 后,停止搅拌,并在 5℃下对混合液进行离心分离而得到钢渣浸出液。

本研究对 Pechini 溶胶-凝胶法[124]加以改进而合成钢渣源钙-铁双功能 CO_2 吸附材料。将一定量的一水合柠檬酸溶解于所得钢渣浸出液中,再通过向钢渣浸出液中滴加氨水的方式将溶液的 pH 值调节至指定值。随后,在 75℃且磁力搅拌条件下,对混合液水浴加热(使得溶液中的金属阳离子与柠檬酸形成螯合物)。1 h 后,向混合液中加入乙二醇(保证其与一水合柠檬酸的投加物质的量比为 1 : 1),再将水浴温度升高至 90℃并不断进行磁力搅拌,直至溶剂蒸干且凝胶形成(这一过程中将会发生柠檬酸与乙二醇间的聚酯反应而凝胶化)。所得凝胶在 105℃下烘干 12 h 后,再在 900℃下空气气氛中煅烧 2 h 而制得溶胶-凝胶法钢渣源钙-铁双功能 CO_2 吸附材料。为研究柠檬酸-钢渣浸出液混合液 pH 值和柠檬酸与钢渣浸出液中总金属阳离子的物质的量比这两个材料合成参数对产品性能的影响,实验中通过改变操作参数合成了 6 种溶胶-凝胶法钢渣源钙-铁双功能 CO_2 吸附材料(表 2.2)。采用命名法"CaFe-CA$_x$EG$_y$-pH$_z$"来表述所合成的钢渣源 CO_2 吸附材料,其中,"CaFe"代表所合成的溶胶-凝胶法钢渣源钙-铁双功能 CO_2 吸附材料,x 和 y 分别代表柠檬酸和乙二醇与钢渣浸出液中总金属离子的物质的量比,z 则代表柠檬酸-钢渣浸出液混合液 pH 值。

表 2.2　溶胶-凝胶法合成的钢渣源钙-铁双功能 CO_2 吸附材料

材　　料	混合液 pH 值	柠檬酸/金属物质的量比
CaFe-CA$_1$EG$_1$-pH$_1$	1	1 : 1
CaFe-CA$_1$EG$_1$-pH$_2$	2	1 : 1
CaFe-CA$_1$EG$_1$-pH$_3$	3	1 : 1
CaFe-CA$_{0.5}$EG$_{0.5}$-pH$_2$	2	0.5 : 1
CaFe-CA$_{0.2}$EG$_{0.2}$-pH$_2$	2	0.2 : 1
CaFe-CA$_{0.1}$EG$_{0.1}$-pH$_2$	2	0.1 : 1

2.4 钢渣与钢渣源钙基 CO_2 吸附材料的表征

2.4.1 表征材料元素组成的 X 射线荧光分析

采用 XRF-1800 型 X 射线荧光分析仪（日本岛津）定量测定钢渣样品和各钢渣源 CO_2 吸附材料的元素组成及其含量。

2.4.2 表征材料矿物组成的 X 射线衍射分析

采用 Smartlab 型粉末 X 射线衍射仪（日本理学）测定钢渣样品和各钢渣源 CO_2 吸附材料的 X 射线衍射图谱，并结合 JADE5 软件和 PDF-2 2004 数据库分析样品的晶体矿物组成。X 射线衍射过程中的主要实验参数如下：采用步进式衍射模式，波长为 1.5418 Å 的 Cu Kα 射线源，40 kV/ 150 mA 激发源，衍射角范围为 $2\theta = 10° \sim 90°$，衍射步长为 0.02°，每步停留时间为 $1 \sim 2$ s。

2.4.3 表征材料比表面与孔隙特征的液氮恒温吸脱附分析

采用 ASAP 2020 HD88 型比表面和孔隙度分析仪（美国麦克）测定钢渣样品和各钢渣源 CO_2 吸附材料的孔隙特征参数，包括 BET 比表面积、t-型微孔比表面积、BJH 孔体积、平均孔径和颗粒度等。在对样品进行液氮恒温吸脱附曲线测定前，需对其进行 350℃ 下脱气 3 h 的预处理。

2.4.4 表征材料表面微观形貌的扫描电子显微成像分析

采用 Merlin 型扫描电子显微镜（德国蔡司）观察钢渣样品、商品化氧化钙和各钢渣源 CO_2 吸附材料的表面形貌，通过在该电子显微镜上配备的 X-Max^N 能量分散型 X 射线微区分析套件（英国牛津仪器）可以在指定区域内对材料中各元素进行面分布扫描。所有样品在进行电镜观察前，需在样品表面喷射覆盖约 5 nm 厚的铂导电层。

2.5 钢渣与钢渣源钙基 CO_2 吸附材料的性能测试

2.5.1 材料的氮气-程序升温分解实验

采用 TGA/DSC 2 型同步热重分析仪(瑞士梅特勒)测定钢渣源钙基 CO_2 吸附材料的氮气-程序升温分解(N_2 TPD)曲线。将载有约 25 mg 样品的 150 μL 氧化铝坩埚置于反应仓内,使样品在 50 mL/min 的氮气气流中以 10℃/min 的升温速率从 25℃加热至 900℃。其间,样品的质量和热流量变化将会被仪器记录,数据采集频率为每秒钟 1 个。同时,1 台与 TGA/DSC 2 末端相连接的 ThermoStar 型质谱仪(德国普发)将对其出气气流中的气体成分变化情况展开实时监测。

2.5.2 材料的氢气-程序升温还原实验

采用 AutoChem II 2920 型化学吸附仪(美国麦克)测定钢渣源钙-铁双功能 CO_2 吸附材料的氢气-程序升温分解(H_2-TPR)曲线。将约 50 mg 样品置于 U 型载样管中,并将载样管固定于化学吸附仪上。首先在 300℃下使样品在 50 mL/min 的氩气气流中预处理 1 h。当样品温度降低至 50℃后,再使其在 50 mL/min 的 5% H_2+95% Ar 气氛中以 10 ℃/min 的升温速率从 50℃加热至 1000℃,仪器内自带的热导检测器将会对出气中 H_2 含量的变化展开实时监测和记录。

2.5.3 材料的程序升温碳酸化实验

采用 TGA/DSC 2 型同步热重分析仪(瑞士梅特勒)测定钢渣或钢渣源钙基 CO_2 吸附材料的程序升温碳酸化曲线。将载有约 25 mg 样品的 150 μL 氧化铝坩埚置于反应仓内,使样品在 50 mL/min 不同 CO_2 含量的反应气流中以 10℃/min 的升温速率从 25℃加热至 900℃。其间,样品的质量和热流量变化将会被仪器记录,数据采集频率为每秒钟 1 个。

2.5.4 材料的恒温碳酸化 CO_2 固定(吸附)实验

采用 TGA/DSC 2 型同步热重分析仪(瑞士梅特勒)测定钢渣或钢渣源钙基 CO_2 吸附材料的恒温气固碳酸化曲线。对于钢渣源钙基 CO_2 吸附材料,每次实验中将载有约 25 mg 样品的 150 μL 氧化铝坩埚置于反应仓内,使样品以 20℃/min 的升温速率在 50 mL/min 的氮气气流中从 25℃加热至 900℃,并在 900℃下煅烧样品 10 min。随后,样品以 50℃/min 的速率从 900℃冷却至 700℃。当样品温度达到 700℃时,反应气氛从 50 mL/min 的 N_2 气流切换至 75 mL/min 的 15% CO_2 + 85% N_2 气流,并使样品在 700℃下吸附 CO_2(碳酸化)120 min。对于原始钢渣,将会进一步研究反应温度、反应气氛中 CO_2 浓度及微量 SO_2 存在 3 种因素对其高温气固碳酸化固定 CO_2 效果的影响,实验设计见表 2.3。每次实验中,将载有约 12 mg 样品的 150 μL 氧化铝坩埚置于反应仓内,使样品以 10℃/min 的升温速率在 50 mL/min 的氮气气流中从 25℃加热至指定温度。随后,反应气氛从 N_2 气流切换至反应气流,使样品在该指定温度下碳酸化反应 60 min。

表 2.3　研究温度、CO_2 浓度和微量 SO_2 存在对钢渣固定 CO_2 效果影响的实验设计

实验编号	温度/℃	CO_2 含量(vol%)	SO_2 含量(vol%)	实验编号	温度/℃	CO_2 含量(vol%)	SO_2 含量(vol%)
1	350	100	0	7	600	5	0
2	400	100	0	8	600	10	0
3	450	100	0	9	600	15	0
4	500	100	0	10	600	10	5.4×10^{-5}
5	550	100	0	11	600	10	1.02×10^{-4}
6	600	100	0	12	600	10	1.51×10^{-4}

2.5.5　材料的高温钙循环 CO_2 吸附性能实验

采用 TGA/DSC 2 型同步热重分析仪(瑞士梅特勒)测试钢渣源钙基 CO_2 吸附材料的高温钙循环 CO_2 吸附性能。每次实验中,将载有约 25 mg 样品的 150 μL 氧化铝坩埚置于反应仓内,使样品以 20 ℃/min 的升温速率在 50 mL/min 的氮气气流中从 25℃加热至 900℃,并在 900℃下煅烧样品 10 min。随后,样品以 50 ℃/min 的速率从 900℃冷却至 700℃,当样品温度达到 700℃时,反应气氛从 50 mL/min 的 N_2 气流切换至 75 mL/min 的 CO_2 气流。样品在 700℃下吸附 CO_2(碳酸化)25 min 后,再次将反应气氛从 CO_2 切换回 N_2,气流量不变。样品以 50℃/min 的升温速率从 700℃加热至 900℃,并在 900℃下煅烧 5 min 以脱附 CO_2。随后,样品以 50℃/min 的速率冷却至 700℃,同时开始下一个 CO_2 吸附高温钙循环,并如此重复 30 次。反应气氛切换及其所导致的样品浮力变化对材料测试过程的影响可以通过设置空坩埚空白实验加以消除。为进一步探究反应气氛中 CO_2 浓度及微量酸性气体存在对材料高温钙循环 CO_2 吸附性能的影响,还将针对部分钢渣源钙基 CO_2 吸附材料开展其在 $15\% CO_2 + 85\% N_2$ 及含有微量 SO_2 或 NO_2 的 $15\% CO_2 + 85\% N_2$ 碳酸化气氛中的 CO_2 吸附性能测试。

为考察钢渣源钙基 CO_2 吸附材料在实际高温钙循环条件下的 CO_2 吸附性能,将在以上测试程序的基础上,通过改变部分操作参数来测试材料性能,即将样品 CO_2 吸附(碳酸化)阶段的反应气氛改为 $15\% CO_2 + 85\% N_2$,反应时间改为 5 min,CO_2 脱附(煅烧)阶段的反应气氛改为 $80\% CO_2 + 20\% N_2$,以及将循环次数调整为 20 次。

材料的 CO_2 吸附量(g_{CO_2}/$g_{吸附材料}$)可以通过不断被仪器记录的样品质量变化加以确定,材料的碳酸化率(η)则可通过式(2-1)计算得到。

$$\eta = \frac{CO_2\,吸附量 \times \dfrac{56}{44}}{材料中\,CaO\,物相的含量} \times 100\% \tag{2-1}$$

2.5.6 材料在高温钙循环(CaL)耦合化学链燃烧循环(CLC)过程(CaL 耦合 CLC 过程)中的 CO_2 吸附性能和 O_2 携带性能实验

1. 协同沉淀法合成的钢渣源钙-铁双功能 CO_2 吸附材料

采用 TGA/DSC 1 型同步热重分析仪(瑞士梅特勒)测试协同沉淀法合成的钢渣源钙-铁双功能 CO_2 吸附材料的 CO_2 吸附性能和 O_2 携带性能。每次实验中,将载有约 10 mg 样品的 70 μL 氧化铝坩埚置于反应仓内,使样品以 20℃/min 的升温速率在 75 mL/min 的 N_2 气流中从 25℃加热至 750℃。当样品温度达到 750℃时,反应气氛从 N_2 切换为 $20\% CO_2 + 20\% H_2 + 60\% N_2$,气流量不变,使样品在 750℃下反应(同步碳酸化/还原)10 min。随后,反应气氛切换回 N_2,气流量不变,使样品在 750℃下煅烧 5 min。再将反应气氛从 N_2 切换为 $5\% O_2 + 95\% N_2$,气流量不变,使样品在 750℃下氧化 5 min。再将反应气氛切换回 $20\% CO_2 + 20\% H_2 + 60\% N_2$ 后,开始下一个同步碳酸化/还原-煅烧-氧化循环,并如此重复 10 次。

采用如下实验程序探究 CaL 耦合 CLC 过程中铁基化学链燃烧循环和

高温钙循环在钢渣源钙-铁双功能 CO_2 吸附材料基体内的热整合效应。将载有约 10 mg 样品的 70 μL 氧化铝坩埚置于反应仓内,使样品以 20℃/min 的升温速率在 75 mL/min 的 N_2 气流中从 25℃ 加热至 750℃。当样品温度达到 750℃时,反应气氛从 N_2 切换为 20% CO_2 + 20% H_2 + 60% N_2,气流量不变,使样品在 750℃ 下反应(同步碳酸化/还原)10 min。随后,将反应气氛切换为 5% O_2 + 95% N_2,气流量不变,使样品在 750℃ 下反应(同步氧化/煅烧)5 min。再将反应气氛切换回 20% CO_2 + 20% H_2 + 60% N_2 后,开始下一个同步碳酸化/还原-氧化/煅烧循环,并如此重复 10 次。

采用如下程序开展材料的单独高温钙循环(CaL)实验。将载有约 10 mg 样品的 70 μL 氧化铝坩埚置于反应仓内,使样品以 20℃/min 的升温速率在 75 mL/min 的 N_2 气流中从 25℃ 加热至 750℃。当样品温度达到 750℃时,反应气氛从 N_2 切换为 20% CO_2 + 80% N_2,气流量不变,使样品在 750℃ 下碳酸化 10 min。随后,将反应气氛切换为 5% O_2 + 95% N_2,气流量不变,使样品在 750℃ 下煅烧 5 min。再将反应气氛切换回 20% CO_2 + 80% N_2 后,开始下一个高温钙循环,并如此重复 10 次。

采用如下程序开展材料的单独化学链燃烧(CLC)实验。将载有约 10 mg 样品的 70 μL 氧化铝坩埚置于反应仓内,使样品以 20℃/min 的升温速率在 75 mL/min 的 N_2 气流中从 25℃ 加热至 750℃。当样品温度达到 750℃时,反应气氛从 N_2 切换为 20% H_2 + 80% N_2,气流量不变,使样品在 750℃ 下还原 10 min。随后,将反应气氛切换为 5% O_2 + 95% N_2,气流量不变,使样品在 750℃ 下氧化 5 min。再将反应气氛切换回 20% H_2 + 80% N_2 后,开始下一个化学链燃烧循环,并如此重复 10 次。

材料的 CO_2 吸附量(g_{CO_2}/$g_{吸附材料}$)和 O_2 携带量(g_{O_2}/$g_{吸附材料}$)可以通过不断被仪器记录的样品质量变化加以确定。

2. 溶胶-凝胶法合成的钢渣源钙-铁双功能 CO_2 吸附材料

采用 TGA/DSC 2 型同步热重分析仪(瑞士梅特勒)测试溶胶-凝胶法合成的钢渣源钙-铁双功能 CO_2 吸附材料的 CO_2 吸附性能和 O_2 携带性能。每次实验中,将载有约 5 mg 样品的 150 μL 氧化铝坩埚置于反应仓内,使样品以 20℃/min 的升温速率在 75 mL/min 的 N_2 气流中从 25℃ 加热至 700℃,当样品温度达到 700℃时,反应气氛从 N_2 切换至气体组成为 10% H_2 + 20% CO_2 + 20% CO + 50% N_2 的模拟高炉尾气,气流量不变,使样品在 700℃ 下反应(同步碳酸化/还原)5 min。随后,停止通入模拟高炉尾气,并将样品以 50℃/min 的升温速率从 700℃ 加热至 900℃。当样品温度达到 900℃ 时,向反应仓内通入空气(75 mL/min),使样品在 900℃ 下氧化 3 min。再将反应气氛从空气切换为 10% H_2+90% N_2,气流量不变,使样品以 25℃/min 的速率冷却至 700℃,同时开始下一个同步碳酸化/还原-煅烧-氧化循环,并如此重复 10 次。由反应气氛切换及其所导致的样品浮力变化对材料测试过程的影响可以通过设置空坩埚空白实验加以消除。

采用如下实验程序考察钢渣源钙-铁双功能 CO_2 吸附材料在实际高温钙循环条件下模拟高炉尾气中的 CO_2 吸附性能。将载有约 5 mg 样品的 150 μL 氧化铝坩埚置于反应仓内,使样品以 20℃/min 的升温速率在 75 mL/min 的 N_2 气流中从 25℃ 加热至 700℃,当样品温度达到 700℃ 时,反应气氛从 N_2 切换至气体组成为 10% H_2+20% CO_2+20% CO+50% N_2 的模拟高炉尾气,气流量不变,使样品在 700℃ 下反应(同步碳酸化/还原)5 min。随后,将反应气氛从模拟高炉尾气切换为 80% CO_2+20% O_2,气流量不变,再将样品以 50 ℃/min 的升温速率从 700℃ 加热至 900℃,并在 900℃ 下煅烧 3 min。再将反应气氛切换为 10% H_2+90% N_2,气流量不变,使样品以 25℃/min 的速率冷却至 700℃,同时开始下一个同步碳酸化/还原-氧化/煅烧循环,并如此重复 10 次。

3. 材料在单独 CaL 和 CaL 耦合 CLC 过程中的煅烧所需热量

钢渣源钙-铁双功能 CO_2 吸附材料在单独 CaL 和 CaL 耦合 CLC 过程中的煅烧阶段($CaCO_3$ 分解)所需热量可以通过其在煅烧阶段的质量变化曲线和热流量变化曲线根据式(2-2)计算得到:

$$H = \frac{\int_{t_1}^{t_2} (P_t - P_0) \mathrm{d}t}{1000 \times \Delta m} \qquad (2\text{-}2)$$

其中,H 代表材料在 CaL 耦合 CLC 过程中同步氧化/煅烧阶段或在单独 CaL 过程中煅烧阶段的净需热量,kJ/g;t 代表材料在 CaL 耦合 CLC 过程中同步氧化/煅烧阶段或在单独 CaL 过程中煅烧阶段的反应时间,s;P_t 代表材料在 CaL 耦合 CLC 过程中同步氧化/煅烧阶段或在单独 CaL 过程中煅烧阶段的实时热流量,mW;P_0 代表空坩埚空白实验所得热流量基线,mW;Δm 代表材料在 CaL 耦合 CLC 过程中同步氧化/煅烧阶段或在单独 CaL 过程中煅烧阶段的 CO_2 释放量,mg。

第3章 钢渣高温气固碳酸化直接固定 CO_2 的实验研究

3.1 引 言

近年来,利用钢渣等碱性工业固废的加速碳酸化技术固定 CO_2 已逐渐成为工业固废资源化技术的研究热点之一,这是因为该技术既可以实现以热稳定碳酸盐的形式对温室气体 CO_2 进行直接封存,同时工业固废中有害重金属等污染物也会由于碳酸盐产物层的包裹而使得浸出毒性大幅降低,从而使得工业固废自身达到稳定化和无害化效果而降低其环境风险。然而,无论是对于工业固废的湿法间接碳酸化还是高温直接气固碳酸化,目前的研究对碳酸化理论和反应动力学特征的认识仍不够深入,对工业固废加速碳酸化固定 CO_2 整体工艺的研究也不够系统,主要表现为:工业固废的理论 CO_2 固定潜能不明,在实际燃烧烟气背景下的 CO_2 固定效果不清,以及高温直接气固碳酸化反应动力学特征和参数不明等。因此,本章将以典型碱性大宗工业固废同时也是目前被公认最具 CO_2 固定应用前景的工业固废——钢渣为对象,系统研究其高温气固碳酸化直接固定 CO_2 的效果、影响因素和反应动力学特征,以发展工业固废高温直接气固碳酸化 CO_2 固定理论。

本章将从以下几方面展开对钢渣高温气固碳酸化直接固定 CO_2 的实验研究:3.2 节研究钢渣基本理化特性及其理论 CO_2 固定潜能;3.3 节研究钢渣高温气固碳酸化固定 CO_2 效果及影响因素;3.4 节研究钢渣固定 CO_2 的高温气固碳酸化反应动力学特征;3.5 节研究钢渣直接高温钙循环 CO_2 捕集性能;3.6 节是小结。

3.2　钢渣基本理化特性及其理论 CO_2 固定潜能

3.2.1　钢渣表面形貌与孔隙度

本研究中所使用钢渣样品的表面形貌如图 3.1 所示。未经筛分的原始钢渣样品(图 3.1(a))总体上呈现灰白色,但颗粒尺寸并不均一,其粒径在微米级至厘米级间变化。研究中,将粒径在 2 mm 以下的钢渣样品筛分成四种粒径范围:1~2 mm(图 3.1(b))、0.5~1 mm(图 3.1(c))、0.1~0.5 mm(图 3.1(d))和 0.1 mm 以下(图 3.1(e))。前 3 种粒径范围的钢渣样品(0.1~2 mm)外观相近,均呈灰黑色,粒径范围在 0.1 mm 以下的钢渣样品则呈现出土黄色。进一步对粒径范围在 0.1 mm 以下的钢渣样品进行扫描电子显微成像分析。在放大 500 倍的视野下(图 3.1(f)),样品颗粒的粒径分布仍较为分散但颗粒表面相对致密;在放大 5000 倍的视野下(图 3.1(g)),钢渣颗粒呈现出棱角清晰的片层晶体结构。

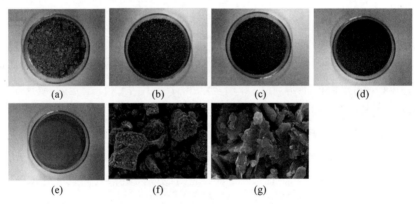

图 3.1　钢渣样品的表面形貌(见文前彩图)

(a) 筛分前;(b) 粒径范围 1~2 mm;(c) 粒径范围 0.5~1 mm;(d) 粒径范围 0.1~0.5 mm;
(e) 粒径小于 0.1 mm;(f) 粒径小于 0.1 mm 且放大 500 倍;(g) 粒径小于 0.1 mm 且放大 5000 倍

图 3.2 比较了不同粒径钢渣样品的孔径分布情况。可以看出,四种粒径范围的钢渣样品呈现出一致的孔径分布曲线,均在约 4 nm 处出现分布峰。这说明在不同粒径范围的钢渣样品中,约 4 nm 的孔对其孔体积和比表面积的贡献率最大。此外,不同粒径范围钢渣样品在约 4 nm 处的孔体积变化率也相当,这与表 3.1 中几种钢渣样品具有十分接近的 BJH 孔体积

(0.05~0.06 cm³/g)的情况相互佐证。在表 3.1 中,不同粒径钢渣样品的
BET 比表面积(16~23 m²/g)间的差异相比 BJH 孔体积和平均孔径(8~
10 nm)更为明显。但总体而言,钢渣的粒径大小对其比表面和孔隙性能并
未产生显著影响。

表 3.1 钢渣样品的 BET 比表面积、BJH 孔体积和平均孔径

钢渣粒径范围 /mm	BET 比表面积 /(m²/g)	BJH 孔体积 /(cm³/g)	平均孔径 /nm
≤0.1	16	0.06	10
0.1~0.5	19	0.05	8
0.5~1	23	0.06	8
1~2	18	0.05	8

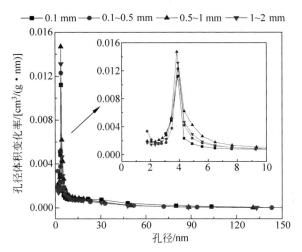

图 3.2 不同粒径钢渣样品的孔径分布曲线(见文前彩图)

因此,本章以粒径不大于 0.1 mm 的钢渣样品为对象,研究钢渣比表面
与孔隙结构的热稳定性(表 3.2)。原始钢渣样品的 BJH 孔体积为
0.053 cm³/g,当钢渣样品分别经 450℃和 600℃煅烧后,其 BJH 孔体积相
比煅烧前并未发生显著变化。这表明在室温至 600℃范围内,钢渣的孔体
积可保持较强的热稳定性。然而煅烧后,钢渣样品的 BET 比表面积从
25 m²/g(室温)下降至 10 m²/g(600℃),相比原始钢渣样品的比表面积减
少 60%。与此同时,钢渣样品的平均孔径从 8 nm(室温)增大至 20 nm

（600℃），相比原始钢渣样品的平均孔径增加 150%。这表明在室温至 600℃ 范围内，温度变化对钢渣的比表面积和平均孔径具有显著的影响。

表 3.2　钢渣筛分样品（≤ 0.1 mm）比表面与孔隙度随煅烧温度的变化

煅烧温度 /℃	BET 比表面积 /(m²/g)	BJH 孔体积 /(cm³/g)	平均孔径 /nm
室温	25	0.053	8
450	17	0.057	12
600	10	0.055	20

3.2.2　钢渣元素与矿物组成

粒径不大于 0.1 mm 的钢渣样品的全元素组成分析结果见表 3.3，其中各元素的质量百分含量以其氧化物的形式表示。CaO，Fe_2O_3，SiO_2 和 Al_2O_3 是该钢渣样品的主要组成元素，其质量百分含量均超过 10%，而四种元素的质量百分含量之和已达到钢渣样品总质量的 90% 以上。该钢渣样品含有的主要微量元素包括 MgO，MnO 和 TiO_2，其质量百分含量在 1%～5%。此钢渣样品的元素组成与表 1.2 所列我国其他主要钢铁厂钢渣的元素组成基本一致。此外，钒和铬两种常见的有害重金属元素在钢渣样品中被检出，其总量近 0.5%。另经测定，该钢渣样品的密度为 1.29 g/cm³，含碳量为 0.95%。

表 3.3　钢渣筛分样品（≤ 0.1 mm）的全元素组成分析[①]

元素	含量/%	元素	含量/%	元素	含量/%
CaO	46.37	TiO_2	1.24	Cl	0.08
Fe_2O_3	18.08	SO_3	0.96	SrO	0.04
SiO_2	14.53	P_2O_5	0.45	K_2O	0.03
Al_2O_3	11.60	V_2O_5	0.25	NbO	0.02
MgO	4.65	Cr_2O_3	0.24	ZrO_2	0.02
MnO	1.33	Na_2O	0.11	C	0.95

① 采用 X 射线荧光（XRF）分析技术获得。

钙、镁、铝、铁和锰五种钢渣主要金属元素在不同粒径范围钢渣样品中的含量对比见表 3.4。铝元素在不同粒径范围钢渣样品中的含量存在较大差异,在 $0.5 \sim 1$ mm 钢渣样品中含量最低(3.5%),而在不大于 0.1 mm 钢渣样品中含量最高(10.8%),相差 3 倍以上。与铝元素相比,其他四种元素在不同粒径范围钢渣样品中的含量并无显著差异。钙元素在不同粒径范围钢渣样品中的含量最为稳定,达到 37.5%~43.4%;铁和锰的含量则大体随钢渣样品粒径的增大而增加,呈现出在钢渣大颗粒中富集之势。除钙、镁、铝、铁和锰外,钢渣样品中其他元素的总含量随钢渣粒径的增大而逐渐降低,表明这五种钢渣主要金属元素的总含量随钢渣粒径的增大而增加。值得指出的是,表 3.4 中所列粒径不大于 0.1 mm 钢渣的元素组成与表 3.3 中的相应数据总体一致但存在一定差异,这是因为两表中数据采用不同的分析手段获取。表 3.3 中数据采用 X 射线荧光(XRF)分析技术获得(为分析钢渣的全元素组成,仅适用于粉末样品),表 3.4 中数据则采用微波消解协同电感耦合等离子体—原子发射光谱(ICP-AES)分析技术获得(不限样品粒径大小,但仅适用于分析指定元素)。

表 3.4　钢渣各主要元素在不同粒径的钢渣样品中的分布情况[①]

钢渣粒径范围 /mm	CaO /%	MgO /%	Al_2O_3 /%	Fe_2O_3 /%	MnO /%	其他 /%
≤0.1	43.4	10.7	10.8	15.4	1.0	18.7
0.1~0.5	37.5	14.8	4.6	26.0	1.8	15.3
0.5~1	41.0	13.5	3.5	25.9	2.2	13.9
1~2	38.9	13.0	7.2	27.1	1.9	11.9

① 采用微波消解协同电感耦合等离子体—原子发射光谱(ICP-AES)分析技术获得。

颗粒粒径不大于 0.1 mm 的钢渣样品的 X 射线衍射(XRD)图谱如图 3.3 所示,其所含晶体矿物相主要为钙铝石($Ca_{12}Al_{14}O_{33}$)、氢氧化钙($Ca(OH)_2$)、钙铁榴石($(Ca_{1.92}Fe_{1.08})Fe_2(SiO_4)_3$)、硅酸二钙($Ca_2SiO_4$)和水镁铁石($Mg_6Fe_2(OH)_{16}CO_3 \cdot 4H_2O$)。由此,钢渣样品中的主要钙基物相可确定为钙铝石、氢氧化钙和硅酸二钙三种,主要铁基物相为钙铁榴石和水镁铁石,钢渣中其他三种主要元素硅、铝和镁则分别与钙或铁结合形成矿物相而存在于钢渣样品中。

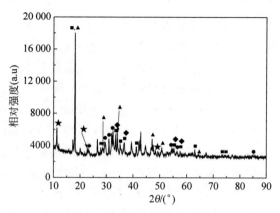

图 3.3　钢渣样品的 XRD 图谱

检出物相为:(■) 钙铝石,$Ca_{12}Al_{14}O_{33}$;(▲) 氢氧化钙,$Ca(OH)_2$;(◆) 钙铁榴石,$(Ca_{1.92}Fe_{1.08})\cdot$
$Fe_2(SiO_4)_3$;(●) 硅酸二钙,Ca_2SiO_4;(★) 水镁铁石,$Mg_6Fe_2(OH)_{16}CO_3\cdot4H_2O$

3.2.3　钢渣固碳机理及其理论固碳潜能

　　表 3.5 比较了钢渣样品中三种主要钙基物相在不同温度下碳酸化反应的吉布斯自由能 ΔG。三种钙基物相的碳酸化反应吉布斯自由能均随反应温度的升高而逐渐增大。其中,氢氧化钙物相碳酸化反应的吉布斯自由能最低,且随温度的变化幅度不大;在 700～1000K 的钢渣高温气固碳酸化典型温度范围内,氢氧化钙物相碳酸化反应的吉布斯自由能保持在 $-53.67\sim$ -45.29 kJ/mol$_{碳酸钙}$,反应的难易程度对温度的变化并不敏感。然而,钙铝石和硅酸二钙两种物相在 700～1000K 时的碳酸化反应吉布斯自由能不仅明显高于氢氧化钙物相的相应值,而且更重要的是,其反应吉布斯自由能随温度升高而迅速增大,接近 0 甚至达到了正值。这表明钙铝石和硅酸二钙两种物相的碳酸化反应在通常的常压、高温条件下难以发生。由此可见,氢氧化钙是在钢渣中发生碳酸化反应固定 CO_2 的关键物相。

表 3.5　钢渣中主要钙基物相的潜在固碳反应及其在不同温度下(常压)的吉布斯自由能

物　相	反应方程式	$\Delta G/(\text{kJ/mol}_{碳酸钙})$				
		298K	700K	800K	900K	1000K
氢氧化钙	$Ca(OH)_2+CO_2\rightleftharpoons CaCO_3+H_2O$	-63.35	-53.67	-50.94	-48.13	-45.29
钙铝石	$Ca_{12}Al_{14}O_{33}+12CO_2\rightleftharpoons12CaCO_3+7Al_2O_3$	-91.75	-26.99	-11.44	$+3.91$	$+19.24$
硅酸二钙	$Ca_2SiO_4+2CO_2\rightleftharpoons2CaCO_3+SiO_2$	-120.38	-48.75	-31.54	-14.55	$+2.25$

钢渣样品中钙基物相的检出及其碳酸化反应的吉布斯自由能计算结果在理论上证明了钢渣固定 CO_2 的机理,即钢渣中氢氧化钙($Ca(OH)_2$)物相的碳酸化反应。为进一步确定钢渣样品的理论 CO_2 固定潜能,本研究采用基于样品 XRD 图谱的内标物相对响应强度分析法(RIR 法)[125] 计算钢渣中氢氧化钙的含量。

该方法利用刚玉(α-Al_2O_3)作为标准内标物,根据式(3-1)可计算出粉末样品中任意晶体物相的含量。

$$m_i = \frac{I_i}{I_{cor}} \times \frac{m_{cor}}{k_{i/cor}} \times \frac{1}{1 - m_{cor}} \tag{3-1}$$

其中,m 代表物相的质量百分含量,%;I 代表物相最强 X 射线衍射峰的峰强度,counts;下标 i 和 cor 则分别代表粉末样品中的待测物相和刚玉内标物,$k_{i/cor}$ 则代表质量比为 1:1 的待测物相和刚玉内标物的二元混合物中,两物相最强 X 射线衍射峰强度的比值。

图 3.4 显示了氢氧化钙标准样品与刚玉内标物以质量比 1:1 均匀混合后样品的 XRD 图谱。氢氧化钙与刚玉内标物的各主要 XRD 衍射峰虽未相互重叠,但氢氧化钙的最强 XRD 衍射峰(Ⅲ,$2\theta = 34.10°$)与刚玉内标物的最强 XRD 衍射峰(Ⅰ,$2\theta = 35.15°$)的基线部分重叠。为避免这一潜在干扰因素,研究中采用氢氧化钙的次强 XRD 衍射峰(Ⅱ,$2\theta = 18.06°$)替代其最强 XRD 衍射峰Ⅲ,与刚玉内标物的最强 XRD 衍射峰Ⅰ共同确定式(3-1)中的 $k_{i/cor}$ 值。氢氧化钙与刚玉内标物的 XRD 相对衍射强度比 $k_{Ca(OH)_2/cor}$ 的计算结果见表 3.6,三次平行实验结果的重复性良好,实验误差仅为 2.2%。将通过实验得到的 $k_{Ca(OH)_2/cor}$ 及从混有 20% 刚玉内标物的钢渣样品 XRD 图谱(图 3.5)得到的 Ⅰ 和 Ⅱ 衍射峰强度值代入式(3-1)中,从而计算得到钢渣样品中氢氧化钙的含量为 26.81%(表 3.7),实验误差为 10.4%,数据重复性良好。于是,根据钢渣样品中氢氧化钙的含量可推知其理论 CO_2 固定潜能为 159.4 kg_{CO_2}/t,略高于相关文献报道中钢渣 CO_2 固定潜能的通常范围(99~135 kg_{CO_2}/t)[2]。然而需要指出的是,钢渣中可与 CO_2 发生碳酸化反应从而将其固定的活性钙(氢氧化钙)比例仅为 44% 左右,钢渣中仍有超过半数的钙元素以 CO_2 惰性的形式存在。

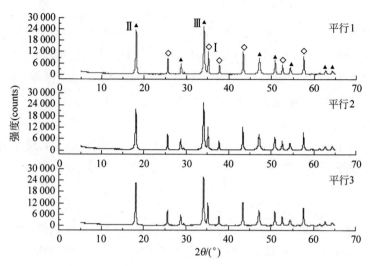

图 3.4　氢氧化钙标准样品与刚玉内标物均匀混合后的 XRD 图谱
（▲代表氢氧化钙，◇代表刚玉）

表 3.6　氢氧化钙与刚玉内标物的 XRD 相对衍射强度比 $k_{Ca(OH)_2/cor}$ 计算结果

实验编号	$I_{Ca(OH)_2}$: I_{cor}	$k_{Ca(OH)_2/cor}$	平　均　值
1	230 738 : 102 104	2.260	
2	227 849 : 104 987	2.170	2.228 ± 0.050
3	232 497 : 103 143	2.254	

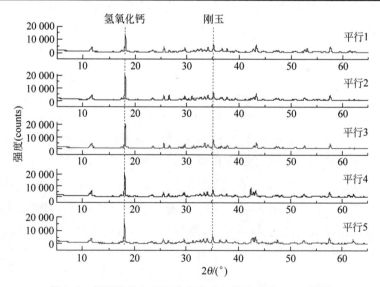

图 3.5　钢渣样品与刚玉内标物均匀混合后的 XRD 图谱

表 3.7　钢渣样品中氢氧化钙含量计算结果

实验编号	$I_{Ca(OH)_2} : I_{cor}$	$k_{Ca(OH)_2, cor}$	质量分数/%	平均值/%
1	138 234 ∶ 51 821	2.23	29.90	
2	130 949 ∶ 53 976	2.23	27.20	
3	124 770 ∶ 52 053	2.23	26.87	26.81 ± 2.78
4	97 935 ∶ 49 213	2.23	22.31	
5	114 482 ∶ 46 251	2.23	27.75	

3.3　钢渣高温气固碳酸化固定 CO_2 效果及其影响因素

3.3.1　反应温度对钢渣高温气固碳酸化固定 CO_2 效果的影响

反应温度对钢渣高温气固碳酸化固定 CO_2 效果(CO_2 吸附量和碳酸化率)的影响如图 3.6 所示。在不同反应温度(350～600℃)下,钢渣气固碳酸化的 CO_2 吸附曲线均呈现出相同的规律,即在一段数十秒至数分钟的短暂而快速的吸附过程后伴随一段数小时甚至更长时间的缓慢吸附过程。这与描述化学吸附反应过程的经典两阶段控制理论[126]相吻合,起初的快速吸附反应仅受到钢渣中氢氧化钙物相的碳酸化反应本身的热动力学特征控制。而随着碳酸化反应的进行,碳酸钙产物层逐渐在钢渣颗粒表面及其内部孔隙中形成、生长;当碳酸钙产物层生长到一定厚度时,CO_2 穿过碳酸钙产物层从钢渣颗粒外部扩散至内部未反应的氢氧化钙物相表面的过程将变得愈发缓慢,成为影响碳酸化反应的限速步骤,此阶段即称为产物层扩散控制阶段。同时,从图 3.6 中可以看出,反应温度对钢渣的碳酸化转化率(碳酸化率)产生极大影响。在 1 h 的高温气固碳酸化反应过程中,钢渣的碳酸化率从 350℃时的 4.8% 逐渐增大至 600℃时的 52.5%,碳酸化率提高近 11 倍。在本研究所考察的温度范围内,钢渣的 CO_2 吸附量在 600℃时达到最大值,每吨钢渣样品可固定 83.6 kg 二氧化碳。由此,600℃可作为钢渣样品较理想的碳酸化反应温度,这也与氧化钙基高温 CO_2 吸附材料吸附 CO_2 的典型操作温度(600～700℃)相吻合[127]。

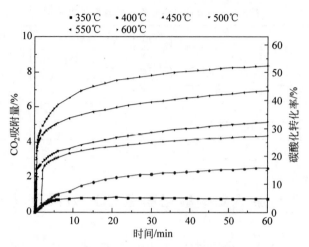

**图 3.6　钢渣样品（≤ 0.1 mm）在不同反应温度下
100% CO_2 气氛中的 CO_2 固定曲线**

3.3.2　CO_2 浓度对钢渣高温气固碳酸化固定 CO_2 效果的影响

　　反应气氛中 CO_2 浓度对钢渣高温气固碳酸化固定 CO_2 效果的影响如图 3.7 所示。对比图 3.6 与图 3.7 可知，与反应温度相比，CO_2 浓度对钢渣高温气固碳酸化固定 CO_2 效果的影响并不显著。钢渣的 CO_2 吸附量和碳酸化率均随反应气氛中 CO_2 浓度的增加而逐渐提高。然而在 5%～15%（体积分数）的 CO_2 浓度范围内，钢渣样品的 CO_2 固定曲线无论在碳酸化反应动力学控制阶段还是在碳酸钙产物层扩散控制阶段均十分接近，反应 1 h 后碳酸化率可达 45.9%～48.5%（表 3.8）。相比 5%～15%（体积分数）CO_2 反应气氛，钢渣样品在 100%（体积分数）CO_2 反应气氛中的 CO_2 吸附量和碳酸化率则有明显提高。由于实际燃烧烟气中的 CO_2 浓度一般在 5%～15%（体积分数）的范围内，故将钢渣高温气固碳酸化技术应用于实际燃烧烟气中 CO_2 捕集的情形下，燃烧烟气中 CO_2 浓度的波动几乎不会对钢渣的 CO_2 固定效果造成任何影响，该技术对烟气中 CO_2 浓度并不敏感。在本研究的操作条件下，钢渣样品在 5%～15%（体积分数）CO_2 气氛中的 CO_2 固定量可达 70～80 kg_{CO_2}/t。

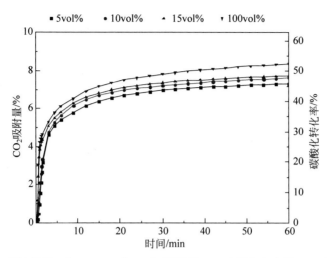

图 3.7　钢渣样品($\leqslant$ 0.1 mm)在 600℃ 下不同 CO_2 含量气氛中的 CO_2 固定曲线

3.3.3 SO_2 存在对钢渣高温气固碳酸化固定 CO_2 效果的影响

反应气氛中微量 SO_2 的存在对钢渣高温气固碳酸化固定 CO_2 效果的影响如图 3.8 所示,反应气氛中 SO_2 浓度参考实际燃烧烟气中 SO_2 浓度的背景值设定。与反应温度相比,反应气氛中微量 SO_2 的存在对钢渣高温气固碳酸化固定 CO_2 效果的影响也并不显著(图 3.8)。在碳酸化反应动力学控制阶段,钢渣样品在不同 SO_2 浓度($0\sim151$ mL/m³)的 10% CO_2/90% N_2 气氛中,达到了几乎相同的 CO_2 吸附量和碳酸化率。然而当反应进入碳酸钙产物层扩散控制阶段后,钢渣的碳酸化反应速率则随反应气氛中 SO_2 浓度的增加而逐渐加快,钢渣在反应 1 h 后的 CO_2 吸附量和碳酸化率也随之增大。这表明反应气氛中微量 SO_2 的存在对反应动力学控制阶段的钢渣高温气固碳酸化反应并未产生明显影响,对其产物层扩散控制阶段的影响则较为显著。在实际燃烧烟气浓度背景值范围内($50\sim150$ mL/m³),SO_2 的存在可强化钢渣与 CO_2 在产物层扩散控制阶段的碳酸化反应。在本研究的操作条件下,SO_2 的存在可使钢渣的碳酸化率提高 7.8%(表 3.8),从而使得钢渣的 CO_2 吸附量从 76.1 kg_{CO_2}/t(无 SO_2 存在)提高全 88.5 kg_{CO_2}/t(151 mL/m³ SO_2)。这种 SO_2 存在对钢渣高温气固碳酸化固定 CO_2 的促进效应可能是由于 SO_2 作为酸性活化剂改善了钢渣颗粒的表面性能,从而促进 CO_2 穿过碳酸钙产物层向钢渣颗粒内部的扩散。

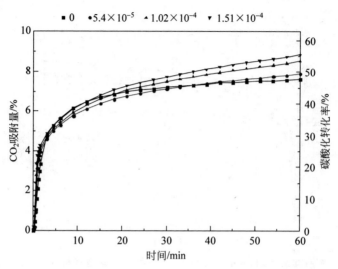

图 3.8　钢渣样品($\leqslant$ 0.1 mm)在 600℃ 下不同 SO_2 含量的
10% CO_2/90% N_2 气氛中的 CO_2 固定曲线

表 3.8　钢渣样品($\leqslant$ 0.1 mm)在不同反应条件下的 CO_2 吸附量和碳酸化率

实验编号	温度 /℃	CO_2 含量 (vol%)	SO_2 含量 (vol%)	CO_2 吸附量 /(g/kg)	碳酸化率 /%
1	350	100	0	7.7	4.8
2	400	100	0	25.2	15.8
3	450	100	0	43.7	27.4
4	500	100	0	51.6	32.4
5	550	100	0	69.3	43.5
6	600	100	0	83.6	52.5
7	600	5	0	73.1	45.9
8	600	10	0	76.1	47.7
9	600	15	0	77.3	48.5
10	600	10	5.4×10^{-5}	78.9	49.5
11	600	10	1.02×10^{-4}	85.2	53.5
12	600	10	1.51×10^{-4}	88.5	55.5

3.4　钢渣固定 CO_2 的高温气固碳酸化反应动力学特征

3.4.1　钢渣高温气固碳酸化反应动力学模型

作为一种低比表面与孔隙度的无机材料，钢渣高温碳酸化固定 CO_2 是一种典型的非均相气固反应。其反应过程可描述为：CO_2 分子从反应气氛中扩散至钢渣颗粒表面，并首先与钢渣颗粒表面的氢氧化钙（或氧化钙）物相接触而发生碳酸化反应，钢渣对 CO_2 的吸附处于反应动力学控制阶段。随着碳酸化反应的进行，钢渣颗粒及其内部孔道表面会形成一道碳酸钙产物层，并且其厚度会随反应时间而不断增加，使得 CO_2 分子与氢氧化钙（或氧化钙）物相的碳酸化反应界面向钢渣颗粒内部表面不断推进。于是，CO_2 分子穿过钢渣颗粒表面形成的碳酸钙产物层进入内部反应界面的过程将成为阻碍钢渣与 CO_2 间碳酸化反应的限速步骤，反应逐渐进入碳酸钙产物层扩散控制阶段。

基于前述对钢渣高温气固碳酸化反应过程的认识，本研究通过解析钢渣的碳酸化率与反应时间（t）的关系来进一步探究钢渣与 CO_2 间高温气固碳酸化反应的动力学特征。在此，分别采用颗粒一级反应动力学模型[128]（式(3-2)）和金斯特林格扩散模型[129]（式(3-3)）来描述钢渣颗粒与 CO_2 间碳酸化反应的动力学控制阶段和产物层扩散控制阶段。

$$(1-\eta)^{-2/3}-1=k_1 \cdot t \tag{3-2}$$

$$1-2\eta/3-(1-\eta)^{2/3}=k_2 \cdot t \tag{3-3}$$

其中，η 代表钢渣颗粒的碳酸化率，%；t 代表碳酸化反应时间，min；k_1 和 k_2 分别代表碳酸化反应在反应动力学控制阶段和产物层扩散控制阶段的反应速率常数，min^{-1}。

将式(3-2)和式(3-3)分别做对数变换得到关于 $\ln[(1-\eta)^{-2/3}-1]$ 和 $\ln(t)$ 及 $\ln[1-2\eta/3-(1-\eta)^{2/3}]$ 和 $\ln(t)$ 的线性方程：

$$\ln[(1-\eta)^{-2/3}-1]=\ln(k_1)+\ln(t) \tag{3-4}$$

$$\ln[1-2\eta/3-(1-\eta)^{2/3}]=\ln(k_2)+\ln(t) \tag{3-5}$$

$\ln[(1-\eta)^{-2/3}-1]$ 和 $\ln[1-2\eta/3-(1-\eta)^{2/3}]$ 在不同反应温度下分别对 $\ln(t)$ 的函数关系如图 3.9 所示。在反应的第 1 min($\ln(t) \leqslant 0$)内，$\ln[(1-\eta)^{-2/3}-1]$ 和 $\ln(t)$ 呈现出明显的线性关系。随后，$\ln[(1-\eta)^{-2/3}-1]$

对 $\ln(t)$ 的函数曲线逐渐偏离其线性拟合曲线,这表明钢渣颗粒的碳酸化反应已经过了反应动力学控制阶段而开始向产物层扩散控制阶段过渡。由图 3.9 可见,在该过渡阶段持续约 10 min 之后($\ln(t) \geqslant 2.5$),$\ln[1-2\eta/3-(1-\eta)^{2/3}]$ 对 $\ln(t)$ 开始呈现出明显的线性相关性,这表明钢渣的碳酸化反应已完全转入产物层扩散控制阶段。从图 3.9 中线性拟合结果的相关系数 R^2 可知,对于钢渣颗粒的高温气固碳酸化反应,颗粒一级反应动力学模型和金斯特林格扩散模型可以分别实现对反应动力学控制阶段和产物层扩散控制阶段的有效模拟。图 3.10 和图 3.11 则分别反映了运用颗粒一级反应动力学复合金斯特林格扩散模型对钢渣在不同 CO_2 浓度和 SO_2 存在下碳酸化反应的模拟情况。可以看出,在不同 CO_2 浓度及反应气氛中存在微量 SO_2 的情况下,颗粒一级反应动力学复合金斯特林格扩散模型仍然可以对钢渣的高温气固碳酸化过程实现有效模拟。然而,图 3.9~图 3.11 中各线性拟合曲线的斜率均不同程度地偏离 1.0 这一理论值,这主要是由钢渣颗粒的非均相性和颗粒形状的不规则性造成的。

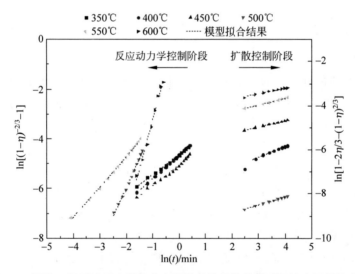

图 3.9　颗粒一级反应动力学复合金斯特林格扩散模型对钢渣在不同温度下 $100\% \; CO_2$ 气氛中的高温气固碳酸化反应过程的拟合结果

（见文前彩图）

颗粒一级反应动力学控制阶段和金斯特林格扩散控制阶段的平均相关系数 R^2 分别为 0.993 和 0.997

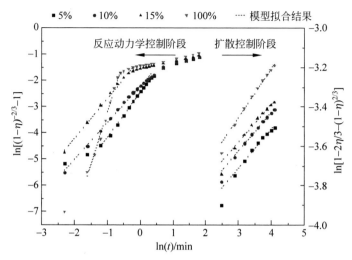

图 3.10　颗粒一级反应动力学复合金斯特林格扩散模型对钢渣在 600℃ 下不同 CO$_2$
含量气氛中的高温气固碳酸化反应过程的拟合结果（见文前彩图）

颗粒一级反应动力学控制阶段和金斯特林格扩散控制阶段的平均相关系数 R^2 分别为
0.994 和 0.990

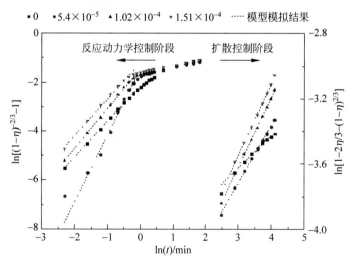

图 3.11　颗粒一级反应动力学复合金斯特林格扩散模型对钢渣在 600℃ 下不同 SO$_2$
含量的 10% CO$_2$/90% N$_2$ 气氛中的高温气固碳酸化反应过程的拟合
结果（见文前彩图）

颗粒一级反应动力学控制阶段和金斯特林格扩散控制阶段的平均相关系数 R^2 分别为
0.994 和 0.997

3.4.2　钢渣高温气固碳酸化反应动力学参数

反应动力学控制阶段的速率常数 k_1 和产物层扩散控制阶段的速率常数 k_2 是钢渣高温气固碳酸化反应的重要动力学参数,可以分别根据式(3-4)和式(3-5)及图 3.9～图 3.11 中各线性拟合曲线在 y 轴上的截距求得(见表 3.9)。首先,总体上本研究计算得到的钢渣在高温气固碳酸化的反应动力学控制阶段的速率常数 k_1 相比钢渣在溶液碳酸化的反应动力学控制阶段速率常数的文献报道值[42-44, 130],提高了约一个数量级,从而证明了钢渣在高温气固碳酸化途径下吸附 CO_2 的反应速率明显快于其溶液碳酸化途径。这可能是由于与溶液碳酸化途径需要水作为反应介质相比,钢渣在高温气固碳酸化途径中反应物间的接触更为直接,因而反应体系更为简单[131]。其次,对于钢渣的高温气固碳酸化反应本身,其反应动力学控制阶段的速率常数 k_1 相比其产物层扩散控制阶段的速率常数 k_2 大体上也提高了约 3 个数量级,表明钢渣在反应动力学控制阶段的碳酸化速率相比产物层扩散控制阶段更加快速而显著。此外,由表 3.9 可知,反应温度是钢渣高温气固碳酸化反应最重要的影响因素,并且对反应动力学控制阶段和产物层扩散控制阶段的速率常数均有显著的影响。随着碳酸化反应温度的升高,钢渣反应动力学控制阶段的速率常数 k_1 从 400℃时的 0.009 min^{-1} 增大到 600℃时的 0.664 min^{-1},提高了 70 倍以上。同时,当碳酸化反应温度从 400℃升高到 600℃时,产物层扩散控制阶段的速率常数 k_2 也提高了 7.1 倍。

与反应温度相比,反应气氛中 CO_2 浓度和微量 SO_2 的存在对钢渣高温气固碳酸化反应的影响并不显著。在产物层扩散控制阶段,CO_2 浓度在 5％～15％之间的变化几乎对钢渣的碳酸化反应速率常数不产生任何影响;但当 CO_2 浓度增大至 100％时,钢渣的碳酸化反应速率常数有所提高。然而在反应动力学控制阶段,CO_2 浓度对钢渣碳酸化反应速率常数的影响较为显著。反应动力学控制阶段的速率常数 k_1 随着反应气氛中 CO_2 浓度的升高而快速增长。在其实际燃烧烟气典型背景值范围内,SO_2 在反应气氛中的存在将同时提高钢渣高温气固碳酸化反应在其反应动力学控制阶段和产物层扩散控制阶段的速率常数。尤其在产物层扩散控制阶段,碳酸化反应速率常数从无 SO_2 存在时的 1.28×10^{-4} min^{-1} 迅速增大到含 151 mL/m^3 SO_2 时的 4.86×10^{-4} min^{-1},从而证明了反应气氛中微量

SO_2 的存在可以促进 CO_2 分子穿过碳酸钙产物层向钢渣颗粒内部扩散的过程,并且 SO_2 浓度越高(烟气典型背景值范围内),其促进效果越显著。值得指出的是,钢渣的碳酸化率也将随速率常数 k_1 和 k_2 的增大而提高,这表明反应温度、反应气氛中 CO_2 浓度和微量 SO_2 的存在是钢渣高温气固碳酸化过程的主要影响因素,将会通过对反应速率常数的直接作用而影响钢渣的碳酸化率。

表 3.9　钢渣样品($\leqslant$ 0.1 mm)在不同反应条件下的反应速率常数(k_1)和扩散速率常数(k_2)

	SO_2 含量/(mL/m³)			CO_2 浓度/(vol%)			反应温度/℃		
	54	102	151	5	10	15	400	500	600
k_1/min⁻¹	0.257	0.230	0.254	0.138	0.125	0.281	0.009	0.079	0.664
R^2	0.988	0.988	0.984	0.995	0.999	0.992	0.999	0.982	0.972
$k_2 \times 10^4$/min⁻¹	2.82	4.31	4.86	0.919	1.28	1.08	0.280	0.642	1.98
R^2	0.988	0.984	0.988	0.985	0.983	0.988	0.989	0.992	0.984
碳酸化率/%	49.5	53.5	55.5	45.9	47.7	48.5	15.8	32.4	52.5

活化能是指一个化学反应发生所需要的最小能量,通常可以用来反映化学反应发生的难易程度。根据阿伦尼乌斯(Arrhenius)经验公式[132]分别计算钢渣样品高温气固碳酸化反应在化学反应动力学控制阶段和产物层扩散控制阶段的活化能。该公式的原始表述如下:

$$k = A \cdot \exp[-E/(RT)] \tag{3-6}$$

其中,k 代表反应速率系数,A 为指前因子,k 与 A 具有相同的单位。E 代表反应活化能,kJ/mol;T 代表反应温度,K;R 为气体常数,通常取值 8.314 kJ/(mol·K)。

将式(3-6)做对数变换得到关于 $\ln k$ 和 $1/T$ 的线性方程如下:

$$\ln k = (-E/R) \times 1/T + \ln A \tag{3-7}$$

将图 3.9 中根据颗粒一级反应动力学复合金斯特林格扩散模型拟合得到的钢渣在不同反应温度下(350~600℃)100% CO_2 气氛中的速率常数 k 代入式(3-7)中进行线性拟合,从而分别求得钢渣在碳酸化反应动力学控制阶段的活化能 $E_1 = 21.29$ kJ/mol(图 3.12)和碳酸钙产物层扩散控制阶段的活化能 $E_2 = 49.54$ kJ/mol(图 3.13)。本研究计算得到的 E_1 和 E_2 在数值上分别略大于 Sun 等[130]报道的生活垃圾焚烧飞灰溶液碳酸化过程中的反应动力学控制阶段活化能 14.84 kJ/mol 和产物层扩散控制阶段的活化能 30.17 kJ/mol,这一差异主要是由所用固体废物性质和碳酸化途径的不同造成的。尽管如此,反应动力学控制阶段的活化能均明显小于产物层扩散控制阶段的活化能,这表明无论是对于高温气固碳酸化过程还是溶液碳酸化过程,碳酸钙产物层扩散控制阶段都是影响碳酸化反应进行的限速环节。

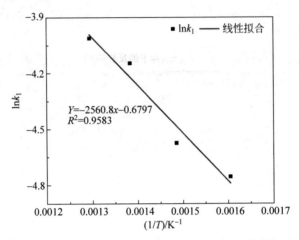

图 3.12   根据 Arrhenius 公式计算的钢渣高温气固碳酸化过程中
反应动力学控制阶段反应活化能的线性拟合结果

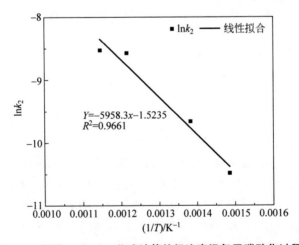

图 3.13   根据 Arrhenius 公式计算的钢渣高温气固碳酸化过程中
碳酸钙产物层扩散控制阶段反应活化能的线性拟合结果

3.5　钢渣直接高温钙循环 CO_2 捕集性能研究

3.5.1　温度和 CO_2 浓度对钢渣吸附-解吸 CO_2 效果的影响

钢渣样品在不同 CO_2 浓度下的程序升温碳酸化曲线如图 3.14 所示，以此分析反应温度和反应气氛中 CO_2 浓度分别对钢渣碳酸化吸附 CO_2 和碳酸钙分解脱附 CO_2 过程的影响。当反应温度在 300℃ 以下时,钢渣样品在所有 CO_2 浓度下均无法发生碳酸化反应吸附 CO_2。随着反应温度继续升高,钢渣样品开始吸附 CO_2,并且其 CO_2 吸附速率随反应温度的升高和反应气氛中 CO_2 浓度的增加而逐渐加快。当反应温度在 500~650℃ 范围内时,钢渣的 CO_2 吸附速率可保持在快速而稳定的状态。继续对钢渣样品加热,钢渣样品开始迅速脱附 CO_2,并且脱附速率随反应温度的升高而明显加快。反应气氛中 CO_2 浓度对钢渣 CO_2 脱附速率的影响并不显著,但对 CO_2 脱附的起始温度却影响显著,钢渣样品的 CO_2 脱附起始温度从 CO_2 浓度为 5% 时的 670℃ 升高至 CO_2 浓度为 100% 时的 830℃,温差超过 150℃。因此,考虑到任一 CO_2 捕集技术在实际应用情况下对解吸气氛中 CO_2 浓度的要求(一般大于 90%),800~850℃ 可以作为钢渣脱附 CO_2 的适宜温度。

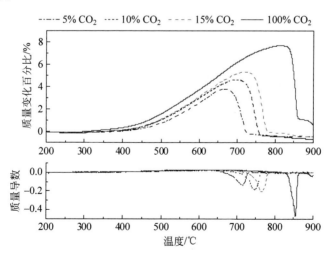

图 3.14　钢渣样品在不同 CO_2 浓度气氛中的程序升温碳酸化曲线

3.5.2　钢渣在碳酸化-煅烧循环过程中的 CO_2 捕集性能

钢渣在基于高温钙循环技术的碳酸化-煅烧循环过程中的 CO_2 吸附效果如图 3.15 所示。在第一个碳酸化-煅烧 CO_2 吸附-解吸循环中,钢渣样品在不同 CO_2 浓度的反应气氛中达到了几乎相同的 CO_2 吸附量,100% CO_2 浓度相比 5%～15% CO_2 浓度,对钢渣碳酸化率和 CO_2 吸附量的促进作用(图 3.7)并未得到充分体现,这主要是由于此处的碳酸化反应时间设定为 5 min,钢渣对 CO_2 的吸附效果主要由碳酸化反应动力学控制阶段所贡献。随着循环次数的增加,钢渣样品在不同 CO_2 浓度反应气氛中的 CO_2 吸附量均逐渐降低。然而,钢渣在 CO_2 浓度为 100% 的反应气氛中的循环 CO_2 吸附量明显优于其在 5%～15% CO_2 时的情况。在纯 CO_2 气氛中,钢渣的 CO_2 吸附量随循环次数的衰减更为缓慢,体现出更优异的 CO_2 吸附循环稳定性。在 CO_2 浓度为 5%～15%(燃烧烟气中的典型 CO_2 浓度)时,钢渣对 CO_2 的循环吸附效果并无差异,表明钢渣在高温钙循环模式下的 CO_2 吸附效果对烟气中的 CO_2 浓度并不敏感。在本研究的操作条件下,钢渣对 CO_2 的单循环最大实际吸附量为 44.9 kg_{CO_2}/t(10% CO_2 气氛中的第 1 个碳酸化-煅烧循环)。在前 5 个碳酸化-煅烧循环中,钢渣样品的 CO_2 吸附量呈现出快速下降的趋势;到第 10 个循环,钢渣的 CO_2 吸附量为其初始吸附量的一半左右并逐渐稳定下来;在第 10～20 个循环之间,钢渣样品对 CO_2 的吸附呈现出较理想的循环稳定性,CO_2 吸附量的总衰减率仅有 20%;到第 20 个循环时,钢渣样品在 5%～15% CO_2 气氛中的 CO_2 吸附量下降到 13.6～14.2 kg_{CO_2}/t,相当于其初始 CO_2 吸附量的 30%～35%。然而相比其高温气固碳酸化固定 CO_2 的模式,钢渣样品通过 20 个高温钙循环的总 CO_2 捕集量提高了 5 倍以上。

钢渣样品在第 1,5,10,15 和 20 个循环的 CO_2 吸附-解吸曲线如图 3.16 所示。在每一个碳酸化-煅烧循环的 CO_2 吸附环节,钢渣对 CO_2 的吸附曲线也遵循化学反应动力学-产物层扩散两阶段控制理论的规律,即钢渣对 CO_2 的吸附经历一段短暂而快速的碳酸化反应动力学控制阶段后,随即转入缓慢的碳酸钙产物层扩散控制阶段。在不同 CO_2 浓度的反应气氛中,钢渣在碳酸化阶段的 CO_2 吸附速率均随循环次数的增加而不断降低。同样,钢渣在煅烧阶段的 CO_2 脱附速率也随循环次数而逐渐下降。而在每个碳酸化-煅烧循环中,钢渣的 CO_2 脱附速率明显高于其 CO_2 吸附速率,钢渣所吸附的 CO_2 可以在几十秒内迅速脱附。由于碳酸化反应时间的限制,钢渣在每个碳酸化-煅烧循环中的碳酸化率相比其高温气固碳酸化固定 CO_2

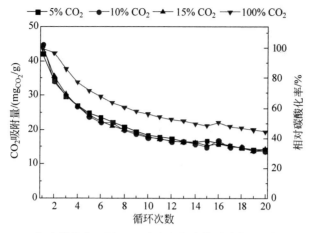

图 3.15　钢渣样品在不同 CO₂ 浓度气氛中的碳酸化（600℃，5 min）-
煅烧（800℃，5 min）循环 CO₂ 吸附效果

过程并不算高，然而高温钙循环的方式实现了钢渣对 CO₂ 的循环吸附，因而有效提高了总 CO₂ 捕集容量。

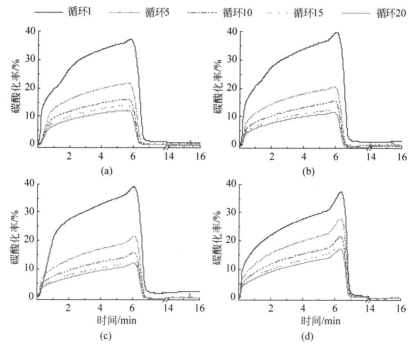

图 3.16　碳酸化-煅烧反应循环次数对钢渣样品的碳酸化率及其对 CO₂ 的
吸附和解吸速率的影响（见文前彩图）

(a) 5% CO₂；(b) 10% CO₂；(c) 15% CO₂；(d) 100% CO₂

3.5.3　钢渣材料在高温钙循环过程中 CO_2 捕集性能衰减机理

在高温钙循环过程中,钢渣样品的比表面积随碳酸化-煅烧反应循环次数的变化情况如图 3.17 所示。为研究变温过程本身对钢渣比表面积的影响,图 3.17 中除考察钢渣在纯 CO_2 气氛中吸附 CO_2 和纯 N_2 气氛中脱附 CO_2 的碳酸化-煅烧循环反应外,还设计了钢渣在相同条件下的纯 N_2 气氛中循环煅烧的对照实验。无论是在 CO_2 气氛中循环碳酸化-煅烧还是在 N_2 气氛中循环煅烧,钢渣样品的 BET 比表面积均随循环次数的增加而逐渐减小,且与在 N_2 气氛中循环煅烧相比,钢渣在 CO_2 气氛中循环碳酸化-煅烧后的 BET 比表面积变得更低。这表明基于化学反应的碳酸化-煅烧过程和基于温度变化的物理性煅烧过程都会导致钢渣样品比表面积的下降,但是碳酸化-煅烧过程所造成的钢渣比表面积的下降幅度明显大于物理性煅烧过程。因此,基于化学反应的碳酸化-煅烧过程是造成钢渣比表面积随循环次数增加而逐渐减小的主要原因。同时,钢渣的 t-型微孔比表面积(图 3.17(b))大体上也随循环次数的增加而减小。但在 N_2 气氛中循环煅烧 5 次之后,钢渣的 t-型微孔比表面积不再继续减小而基本保持不变;在 CO_2 气氛中循环碳酸化-煅烧过程中,钢渣的微孔比表面积则随循环次数的增加而不断减小。这表明在碳酸化反应过程中,CO_2 分子不仅可以扩散到在钢渣颗粒中大量存在的介孔中,还能进一步到达钢渣颗粒的微孔中,从而与钢渣中的氧化钙或氢氧化钙物相发生碳酸化反应。

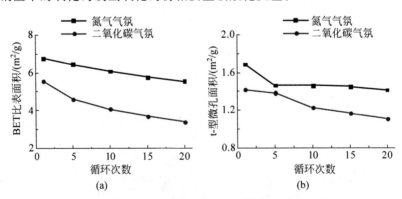

图 3.17　碳酸化-煅烧反应循环次数对钢渣样品的影响

(a) BET 比表面积；(b) t-型微孔比表面积

　　原始钢渣和经历不同次数碳酸化-煅烧循环的钢渣均呈现出"双峰型"孔径分布(图 3.18(a)),孔径约为 3 nm 的介孔和约为 50 nm 的大孔支撑起钢渣颗粒的内部孔隙结构。钢渣在孔径约为 3 nm 和约为 50 nm 处的孔体积均随碳酸化-煅烧循环次数的增加而显著下降,但与孔径约为 50 nm 的大孔相比,钢渣在孔径约为 3 nm 处的孔体积变化率与钢渣 CO_2 吸附量呈现出更显著的线性相关性。这是由于在钢渣颗粒所有尺寸的孔隙中,约为3 nm 介孔具有最大的单位比表面积(图 3.18(b)),从而为钢渣颗粒与 CO_2 分子间的碳酸化反应提供相对最充足的活性位点。因此,钢渣颗粒在循环碳酸化-煅烧过程中约 3 nm 处介孔的烧结塌陷,是造成钢渣 CO_2 吸附循环稳定性不断降低的主要原因。

　　除孔隙烧结塌陷的原因外,在每个碳酸化-煅烧循环中钢渣样品对 CO_2 的不完全脱附是钢渣 CO_2 循环吸附量不断降低的另一原因,这可以从钢渣样品 XRD 谱图中碳酸钙物相衍射峰强度随反应循环次数增加而增强的现象得到证明(图 3.19)。

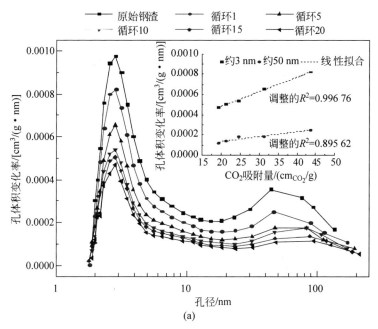

图 3.18　碳酸化-煅烧循环次数对钢渣样品的影响

(a) 孔体积；(b) 比表面积变化率

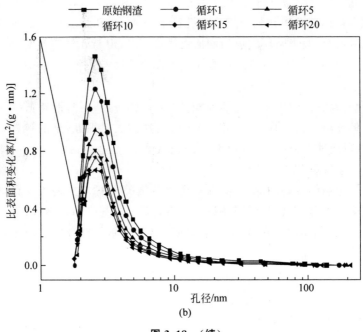

(b)

图 3.18　（续）

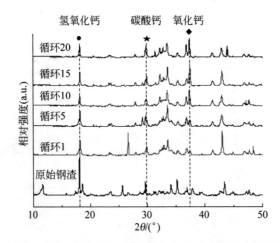

图 3.19　钢渣样品中钙基物相随碳酸化-煅烧反应循环次数的变化情况

3.6　小　　结

本章以发展钢渣高温直接气固碳酸化 CO_2 固定理论为目标,对钢渣基本理化特性、理论 CO_2 固定潜能、高温气固碳酸化固定 CO_2 效果及其影响因素和钢渣固定 CO_2 的高温气固碳酸化反应动力学特征几个方面展开了详细研究。同时,为进一步提高钢渣的总 CO_2 捕集容量,还考察了钢渣在高温钙循环过程中的 CO_2 捕集性能。所取得的主要结论如下:

(1) 钢渣样品中的主要晶态矿物相为钙铝石、氢氧化钙、钙铁榴石、硅酸二钙和水镁铁石。通过对钢渣样品中主要钙基物相的潜在碳酸化反应吉布斯自由能的计算与分析,确定氢氧化钙是钢渣样品中能够发生碳酸化反应固定 CO_2 的主要物相。

(2) 采用 X 射线衍射耦合刚玉内标物相对响应强度分析法首次实现了对钢渣中氢氧化钙物相含量的实验测定,从而计算出钢渣的理论 CO_2 固定潜能。经测定,本研究所使用钢渣样品的理论 CO_2 固定潜能为 159.4 kg_{CO_2}/t。

(3) 在钢渣高温气固碳酸化固定 CO_2 过程中,反应温度对钢渣 CO_2 固定效果的影响最为显著,而在实际燃烧烟气背景值范围内,CO_2 和 SO_2 浓度的变化对钢渣 CO_2 固定效果影响不大,但 SO_2 存在可强化钢渣在碳酸钙产物层扩散控制阶段的碳酸化速率。

(4) 颗粒一级反应动力学模型和金斯特林格扩散模型可分别实现对钢渣碳酸化反应动力学控制阶段和碳酸钙产物层扩散控制阶段的有效模拟及动力学参数的确定,本研究所使用钢渣样品在碳酸化反应动力学控制阶段和碳酸钙产物层扩散控制阶段的活化能分别为 21.29 kJ/mol 和 49.54 kJ/mol。

(5) 相比高温气固碳酸化直接固定 CO_2,钢渣通过高温钙循环可使其总 CO_2 捕集容量显著提高,但钢渣中可用于碳酸化固定 CO_2 的活性钙成分的比例较低(多数钙元素仍以 CO_2 惰性的形式存在)是限制其 CO_2 捕集效果的主要因素。

第4章 钢渣的元素浸出特征及钙、铁元素回收

4.1 引　　言

经石灰石煅烧得到的氧化钙是钢铁生产过程中一种消耗量大且必不可少的原料,因为氧化钙将被用作炼钢熔剂以去除铁矿石中的硅、磷及其他金属元素杂质。因此,炼钢后所得熔渣(钢渣)成为一种钙、铁、铝、镁、锰、钛、硅、磷和硫等多元素共存的工业固废,但钢铁生产的两种必需元素——钙和铁仍然是钢渣的主要组成元素。针对钢渣"钙基、富铁"的元素组成特点,从钢渣高值利用的目标出发,实现其中钙、铁元素的分离和回收将具有较大的价值。一方面,回收的钙、铁元素可以作为生产原料(替代部分天然矿石)在系统内直接回用于高炉炼铁;另一方面,回收钢渣中钙和铁也是实现其减量化的有效手段。同时,第3章的研究已表明,钢渣中的钙、铁元素主要以其硅酸盐和金属氧化物固溶体等复杂形式存在,为将钢渣制备成高效钙基CO_2吸附材料,首要任务也是实现钢渣中钙元素的提取与活化。

为此,本章将以钢渣中钙、铁元素回收为目标,探究钢渣在酸浸出体系中的元素提取与分离效果。本章内容安排如下:4.2节研究钢渣各主要元素在酸性浸出体系下的提取效果及其影响因素;4.3节是酸浸取回收钢渣中钙元素的实验研究;4.4节是酸活化耦合磁选回收钢渣中铁元素的实验研究;4.5节是本章小结。

4.2 钢渣各主要元素在酸性浸出体系下的提取效果及其影响因素

4.2.1 操作条件对钢渣各主要元素浸出效果的影响

设计一组5因素、4水平的正交实验(表4.1)探究酸浸出过程中5个主要操作参数对钢渣各主要元素浸出效果的影响。这5个操作参数分别为钢

渣粒径(A)、浸出时间(B)、固液比(C)、初始酸浓度(D)和浸出温度(E),各操作参数的取值水平见表 4.1。图 4.1 比较了几种操作参数分别对钢渣中钙、镁、铝、铁、锰和硅 6 种主要元素在硝酸溶液中浸出效果的影响。总体上看,除硅元素外,其他 5 种元素在硝酸浸出体系下的总浸出量与其各自在钢渣样品中的含量呈正相关(表 3.4)。其中,钙元素的浸出量最高而锰元素的浸出量最低。钢渣粒径对几种元素酸浸出效果的影响呈现出不同的特点。铁和锰元素的浸出量整体上随钢渣粒径的增大而上升,这主要是由于铁和锰元素在钢渣中的含量随钢渣粒径的增大而上升(表 3.4);铝元素的浸出量则随钢渣粒径呈现出较大的差异,这很可能是由于铝元素在不同粒径范围钢渣样品中的含量存在较大差异(表 3.4);钢渣粒径对钙、镁和硅元素浸出量的影响并没有呈现出明显的规律,但对钙元素浸出量的影响最小。固液比和初始酸浓度是对钢渣中各主要元素的浸出效果影响最为显著的两个操作参数。钙、镁、铝、铁和锰 5 种金属元素的浸出量均明显随固液比和初始酸浓度的增大而逐渐上升,元素在不同固液比或初始酸浓度下浸出量的差异也较大。相比之下,浸出时间和浸出温度对几种元素浸出效果的影响均不显著。铝元素的浸出量随浸出时间的增加和浸出温度的升高而逐渐上升,铁和锰元素的浸出量随浸出时间的增加和浸出温度的升高而逐渐下降,钙和镁元素的浸出量则随浸出时间的增加和浸出温度的升高而变化不大。

表 4.1　研究操作条件对钢渣各主要元素浸出效果影响的 5 因素、4 水平正交实验表

实验序号	钢渣粒径 A /mm	浸出时间 B /h	固液比 C /(g∶mL)	初始酸浓度 D /(mol/L)	浸出温度 E /℃
1	≤0.1	0.5	1∶5	0.75	室温
2	≤0.1	1	1∶10	1.5	40
3	≤0.1	2	1∶20	3	50
4	≤0.1	3	1∶30	4.5	60
5	0.1～0.5	0.5	1∶10	3	60
6	0.1～0.5	1	1∶5	4.5	50
7	0.1～0.5	2	1∶30	0.75	40
8	0.1～0.5	3	1∶20	1.5	室温
9	0.5～1	0.5	1∶20	4.5	40
10	0.5～1	1	1∶30	3	室温
11	0.5～1	2	1∶5	1.5	60

续表

实验序号	钢渣粒径 A /mm	浸出时间 B /h	固液比 C /(g：mL)	初始酸浓度 D /(mol/L)	浸出温度 E /℃
12	0.5～1	3	1：10	0.75	50
13	1～2	0.5	1：30	1.5	50
14	1～2	1	1：20	0.75	60
15	1～2	2	1：10	4.5	室温
16	1～2	3	1：5	3	40

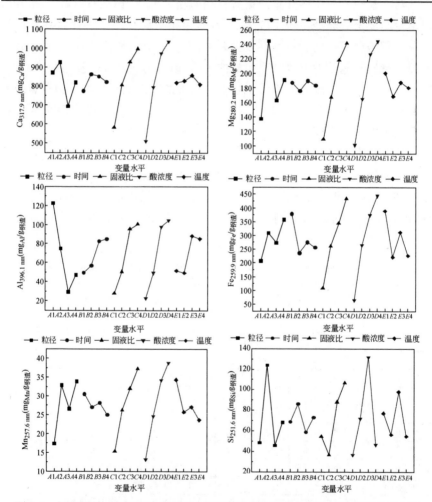

图 4.1　钢渣粒径、浸出时间、固液比、初始酸浓度和浸出温度 5 种操作参数分别对钢渣中铝、钙、铁、镁、锰和硅 6 种主要元素在硝酸溶液中浸出效果的影响

4.2.2　影响钢渣各主要元素浸取效果的关键因素识别

通过正交实验的极差分析手段进一步识别影响钢渣各主要元素浸取效果的关键因素(表 4.2)。总体上看,不同操作参数对钢渣中各主要元素浸出效果的影响程度存在着显著的差异。对于钙元素,由初始酸浓度变化所造成的钙元素浸出量间的极差最大(524.8),而由浸出温度变化所造成的浸出量极差最小(48.2),两者相差近 11 倍之多。由此可见,初始酸浓度是影响钢渣中钙元素在硝酸溶液中浸出效果的关键参数,固液比次之,而浸出温度的影响最小。同理,对于镁元素,初始酸浓度和固液比是影响其浸出效果的关键因素,浸出时间的影响则最小。对于铝元素,钢渣粒径成为影响其浸出效果的关键因素,初始酸浓度和固液比次之,浸出时间和浸出温度的影响相当(均较小)。对于铁元素,初始酸浓度是影响其浸出效果的关键因素,固液比次之,钢渣粒径、浸出时间和浸出温度的影响程度相当。对于锰元素和硅元素,初始酸浓度仍然是影响其浸出效果的关键因素,固液比与钢渣粒径次之,浸出时间的影响最小。因此,综合 6 种元素的情况,初始酸浓度是影响钢渣中各主要元素浸出效果的最关键因素,固液比的影响程度次之(也是关键因素),而几种元素的浸出效果对浸出温度和浸出时间这两个因素并不敏感。

表 4.2　各操作参数对钢渣元素浸出效果影响的正交实验极差分析

元素	钢渣粒径	浸出时间	固液比	初始酸浓度	浸出温度
钙	229.8	86.7	415.5	524.8	48.2
镁	107.2	14.0	132.0	142.5	31.7
铝	93.3	35.7	72.6	81.8	38.8
铁	150.8	142.8	326.0	379.6	167.5
锰	16.6	5.5	21.9	25.6	10.7
硅	78.3	27.5	70.4	95.4	43.3

pH 值对钢渣浸出液中各元素溶解-沉淀平衡的影响可以通过其滴定曲线加以分析(图 4.2)。如图 4.2 所示,由于钢渣浸出液中存在剩余硝酸,因此原始钢渣浸出液的 pH 值较低(约为 0)。起初向钢渣浸出液中滴加碳酸钠溶液时,由于碳酸钠与大量剩余硝酸的中和反应,钢渣浸出液的 pH 值并未发生显著变化。随着碳酸钠溶液的不断滴入,钢渣浸出液的 pH 值从 0.11 迅速上升至 1.79,表明此阶段溶液中并无沉淀反应发生。然而,向钢

渣浸出液中继续滴加碳酸钠溶液,在其滴定曲线上相继出现三个明显的滴定平台,分别是 pH 值为 1.79~2.02,3.15~3.62 和 6.46~6.70。在每个滴定平台上,碳酸钠溶液的滴加几乎不会造成钢渣浸出液 pH 值的显著改变,溶液 pH 值的突然上升则意味着该滴定平台的结束。因此,滴定曲线上出现的每个平台分别代表一个沉淀反应的发生,根据钢渣浸出液的元素组成,可以推知它们分别是 Fe^{3+}、Al^{3+} 和 Ca^{2+}(Mg^{2+})与碳酸钠的沉淀反应。需要指出的是,Fe^{3+} 和 Al^{3+} 的沉淀(滴定)平台不及 Ca^{2+}(Mg^{2+})的明显,这主要是由于它们在钢渣浸出液中的含量不同,Ca^{2+} 是钢渣浸出液中含量最高的元素,因此将其完全沉淀需要消耗的碳酸钠也更多。由本实验结果可见,当 pH 值在 1.8 以下时,钢渣浸出液中各主要元素可以稳定存在;当 pH 值高于 2.0 时,Fe^{3+} 基本沉淀完全;当 pH 值高于 4.0 时,Fe^{3+} 和 Al^{3+} 都将完全沉淀;而当 pH 值达到 7.0 时,钢渣浸出液中包括 Ca^{2+} 在内的全部阳离子均基本沉淀完全。

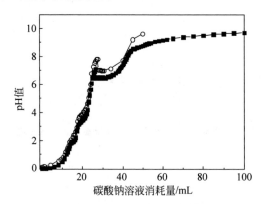

图 4.2　1 mol/L 碳酸钠溶液对典型钢渣浸出液的滴定曲线
空心圆圈和实心方块分别代表两次平行实验的结果

　　除上述几种因素外,酸性强弱也会对钢渣中各主要元素的浸出效果产生影响。表 4.3 以醋酸(一元弱酸)和硝酸(一元强酸)为代表,比较了酸性强弱对钢渣各主要元素浸取效果的影响。可以看出,在相同的浸出条件下,各元素在硝酸溶液中的浸出量均高于其在醋酸溶液中的浸出量。其中,钙和硅元素在两种酸中的浸出效果差异最小,钙元素从硝酸溶液中的 15.22 g/L 降低到醋酸溶液中的 11.25 g/L;硅元素则从硝酸溶液中的 1.79 g/L 降低到醋酸溶液中的 1.57 g/L。然而,镁、铁、铝和锰 4 种元素在两种酸中的浸出效果却差异显著,镁、铝和锰在硝酸中的浸出量均可达到其在醋酸中的两倍以上,而铁在硝酸中的浸出量则高达其在醋酸中的 3.6 倍。由此可见,酸性强弱也是影响钢渣各主要元素浸出效果的关键因素。

表 4.3　相同浸出条件下硝酸和醋酸对钢渣各主要元素浸取效果对比

	元素浸出浓度/(g/L)					
	钙	镁	铁	铝	锰	硅
醋酸	11.25±0.14	1.15±0.04	1.27±0.02	1.21±0.02	0.17±0.01	1.57±0.03
硝酸	15.22±0.18	2.88±0.07	4.53±0.05	2.76±0.04	0.35±0.02	1.79±0.05

注:浸出条件为钢渣粒径 ≤ 0.1 mm,浸出时间为 1 h,固液比为 1 g∶20 mL,酸浓度为 4 mol/L,浸出温度为室温。

4.2.3　钢渣各主要元素在弱酸环境中的浸出效果

考虑到酸性强弱对钢渣各主要元素浸出效果的显著影响,本节以醋酸(一元弱酸)为代表,研究钢渣各主要金属元素在弱酸环境中的浸出效果。图 4.3 比较了初始酸浓度和钢渣粒径两个操作参数对钢渣元素浸出过程的影响。可以看到,在钢渣的醋酸浸出液中,钙元素的含量仍然最高(明显高于其他元素),说明无论在强酸(硝酸)还是弱酸(醋酸)环境中,钙元素都是钢渣中浸出量最大的元素。另外,比较图 4.3(a)～(c)可以看出,各元素的浸出量随浸出时间的增长均比较缓慢,浸出时间对钢渣各主要金属元素浸取效果的影响不大;但随着初始醋酸浓度的增加(2 mol/L 至 6 mol/L),钙和镁等元素的浸出量随浸出时间的增长速率也加快,表明初始醋酸浓度的提高有助于钢渣中元素的浸出。比较图 4.3(c)和(d)可知,由于钢渣中各元素的分布随钢渣粒径存在一定差异(表 3.4),钢渣各主要金属元素的浸出量也随钢渣粒径的不同而有所差别。对于粒径为 0.5～1 mm 的钢渣样品,铁元素的浸出量超过镁元素成为继钙元素之后浸出量最大的元素;而对于粒径小于等于 0.1 mm 的钢渣样品,镁元素的浸出量明显高于铁元素,铁元素的浸出量仅与铝和锰元素相当。总体来看,钢渣各主要金属元素在酸溶液中的浸出(溶解)反应速率较快,在前 1 h 内即可基本接近反应平衡状态。

图 4.4 进一步比较了钢渣中各主要金属元素在醋酸溶液中的浸出特征。钙元素在不同初始醋酸浓度和不同钢渣粒径的条件下所得到的浸出曲线均比较接近,大体上呈现出一致的规律,即浸出量随时间的延长而缓慢增加。这表明初始醋酸浓度、钢渣粒径和浸出时间均对钢渣中钙元素

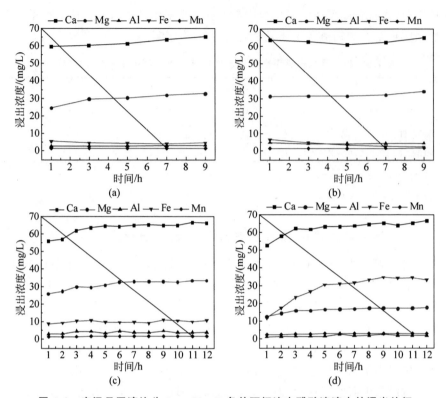

图 4.3　室温且固液比为 1 g∶20 mL 条件下钢渣在醋酸溶液中的浸出特征

(a) 钢渣粒径≤0.1 mm,醋酸浓度为 2 mol/L; (b) 钢渣粒径≤0.1 mm,醋酸浓度为 4 mol/L;
(c) 钢渣粒径≤0.1 mm,醋酸浓度为 6 mol/L; (d) 钢渣粒径为 0.5~1 mm,醋酸浓度为 6 mol/L

的浸出效果影响不大。对于镁元素而言,其在不同醋酸浓度下的浸出曲线也十分接近,并且浸出量随时间变化不大,表明初始醋酸浓度和浸出时间对镁元素浸出效果并无显著影响。然而,虽然(随时间)呈现出相似的浸出规律,粒径为 0.5~1 mm 的钢渣样品中镁元素的浸出量却明显低于粒径小于等于 0.1 mm 钢渣样品中镁元素的浸出量。对于铁、铝和锰元素,其浸出量基本上随初始醋酸浓度的增加而小幅增大。但对于不同粒径的钢渣样品,铁、铝和锰三种元素呈现出相反的浸出特征,铝元素与镁元素的情况相同,其从粒径小于等于 0.1 mm 的钢渣样品的浸出量高于粒径为 0.5~1 mm 的钢渣样品,而铁和锰元素从粒径小于等于 0.1 mm 的钢渣样品的浸出量却低于粒径为 0.5~1 mm 的钢渣样品。总体来看,在弱酸(醋酸)环境中,初始酸浓度对钢渣各主要元素浸出效果的影响远不及其在强酸(硝酸)环境中显著,这主要是由于在溶液中可实际参与浸出(溶解)反应的游离 H^+ 总强度存在差异。另外,由于各主要元素在钢渣中的分布随粒径存在差异,同种元素从不同粒径钢渣中的浸出量将有所差距。

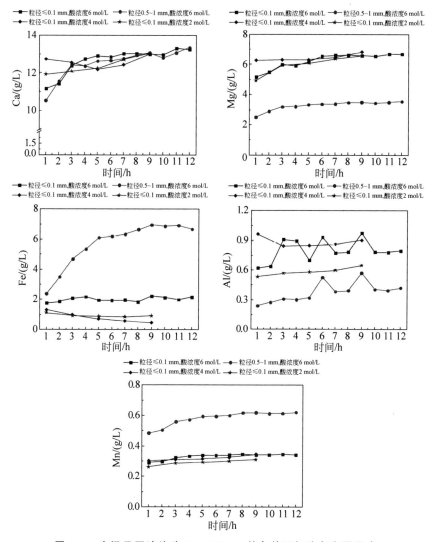

图 4.4　室温且固液比为 1 g：20 mL 的条件下钢渣各主要元素在醋酸溶液中的浸出效果

4.3　酸浸取回收钢渣中钙元素实验研究

4.3.1　钢渣酸浸出回收钙元素操作参数优化

以醋酸为浸取剂,考察酸的投加量(初始酸浓度)和浸出时间对钢渣各主要元素在钢渣浸出液中富集效果的影响(图 4.5)。可以看出,在 0~150 min 的浸出时间内,硅元素的浸出量随时间呈现出先上升后下降的趋势(在初始醋酸浓度为 5 mol/L 时,随时间逐渐下降),这主要是由于钢渣中的无定形硅在反应初期从钢渣中浸出,并以 SiO_3^{2-} 的形式溶解在浸出液中,使得硅元素浓度逐渐上升;而随着浸出时间的增加,浸出液中的 SiO_3^{2-} 逐渐与游离 H^+ 结合形成硅酸(H_2SiO_3),并进一步水合形成原硅酸(H_4SiO_4),进而原硅酸分子间相互交联凝聚而形成硅胶,从浸出液中沉淀出来,使得硅元素的浓度逐渐下降。由此可见,适当延长浸出时间可以有效降低硅元素在浸出液中的含量。除硅元素外,钙、镁、铝、铁和锰 5 种金属元素的浸出量整体上均随浸出时间的增长而逐渐上升。其中,镁和铁元素在浸出液中的浓度随时间的上升趋势最显著。钙元素和镁元素是钢渣的醋酸浸出液中含量(富集程度)最高的两种元素,铝元素和锰元素的浸出浓度则较低,几乎不在钢渣的醋酸浸出液中富集。

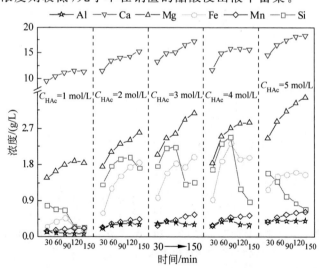

图 4.5　室温且固液比为 1 g：10 mL 条件下酸的投加量和浸出时间对钙元素在钢渣(粒径范围：1~2 mm)浸出液中富集效果的影响

　　此外,如图 4.5 所示,钢渣各主要元素的浸出浓度均随初始醋酸浓度的增大而逐渐上升,然而其对镁元素和铁元素浸出浓度的影响较为显著,对钙元素浸出浓度的影响不大。同时,在高初始醋酸浓度的情况下,浸出液中硅元素随时间的溶出(凝胶)效应也更显著。钢渣各主要元素在不同初始醋酸浓度时浸出效果的差异可以通过浸出液 pH 值的变化加以分析(图 4.6)。钢渣浸出液在不同初始醋酸浓度时的 pH 值均随浸出时间呈现出相同的变化规律,即在前 15 min 内迅速上升,而后基本保持稳定。这说明醋酸与钢渣各主要元素的浸出反应主要发生在前 15 min 内,反应强烈且速率较快,从而造成 pH 值的迅速上升。这也解释了前述研究中,在浸出 1 h 后钢渣各主要元素的浸出效果随浸出时间的变化并不显著。浸出 1 h 以后,钢渣浸出液的 pH 值基本保持稳定,这是醋酸自身的 pH 缓冲性和醋酸浸出体系中较慢的反应速率共同影响的结果。浸出时间达到 150 min 时,钢渣浸出液的 pH 值从初始酸浓度为 1 mol/L 时的 4.89 下降至初始酸浓度为 5 mol/L 时的 3.76,体现出浸出液中不同的游离 H^+ 强度,从而导致几种金属元素随着初始醋酸浓度的增加在钢渣浸出液中不断富集。

　　以钢渣中钙元素和铁元素的分别回收为目标,希望钙元素通过酸浸出在钢渣浸出液中富集,铁元素则留在酸浸出后的残渣中。因此,基于前述研究,降低初始醋酸浓度(醋酸/钢渣投加比)是一种可行的方法。在初始醋酸浓度(醋酸/钢渣投加比)下,一方面,钙元素的浸出效果未受到显著影响;另一方面,浸出液的 pH 值也更有利于铁元素的溶出(沉淀)。

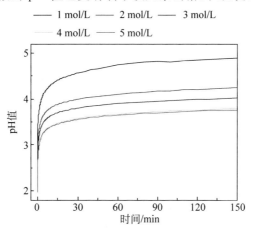

图 4.6　室温且固液比为 1 g∶10 mL 时不同醋酸投加比例下钢渣
(粒径范围:1~2 mm)浸出液的 pH 值随浸出时间的
变化情况(见文前彩图)

醋酸浸取过程中的主要操作参数对钢渣钙元素回收纯度的影响如图 4.7 所示。在 1mol/L-0.5h-1g/10mL，1mol/L-2h-1g/10mL，2mol/L-0.5h-1g/5mL 和 2mol/L-2h-1g/5mL 4 种浸出条件下，虽然初始醋酸浓度、浸出时间和固液比不完全相同，但这 4 种条件的醋酸/钢渣投加比均为 3 g∶5 g，并且理论上醋酸所能提供的 H⁺（0.010 mol/g钢渣）数量远低于钢渣中钙、镁、铝、铁和锰 5 种主要金属元素的总电荷数（0.033 mol/g钢渣），属于低醋酸/钢渣投加比。在这种低醋酸/钢渣投加比（3 g∶5 g）的情况下，4 种浸出条件下所得钢渣浸出液的元素组成及其比例十分一致。其中，钙元素的含量高达 89.1%～90.7%，而镁元素含量在 5.0% 左右，铁元素和锰元素含量均不超过 2.0%，铝和硅元素含量则不超过 0.5%。由此可见，在相同（低）醋酸/钢渣投加比的情况下，浸出时间和固液比几乎不会对钢渣中钙元素的回收纯度造成任何显著影响。这在实际应用中将具有重要的意义，因为更短的浸出时间和更高的固液比可节省更多的操作成本。对比 1mol/L-2h-1g/10mL，3mol/L-2h-1g/10mL 和 5mol/L-2h-1g/10mL 3 种浸出条件可知，钢渣中钙、镁、铝、铁、锰和硅元素的浸取率均随醋酸/钢渣投加比的增加而逐渐增大。但是，钢渣元素浸取率所取得的相对有限的提高是以更大的醋酸投加量和更低的醋酸利用率为代价的；并且，增加醋酸投加量也会造成铁、铝和硅元素浸取率的显著增加，这将导致钙元素回收纯度的

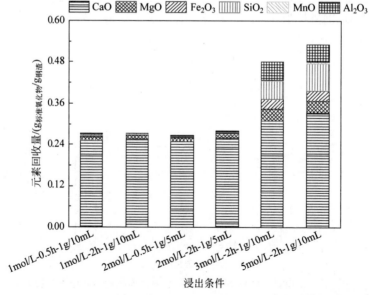

图 4.7 钢渣（粒径≤0.1 mm）酸浸出过程中主要操作参数对钙元素回收纯度的影响
横轴标签"A-B-C"中，A 代表初始酸浓度，mol/L；B 代表浸出时间，h；C 代表固液比，g∶mL

下降,从 1mol/L-2h-1g/10mL 条件下的 90.1% 降低至 5mol/L-2h-1g/10mL 条件下的 64.2%。因此,低醋酸/钢渣投加比情况下的酸浸取是从钢渣中回收钙元素的有效途径,在本研究所选取的实验条件下,可实现从每吨钢渣中回收约 270 kg 氧化钙纯度高达 90% 的生石灰。

4.3.2　酸的类型对钢渣中钙元素回收的影响

在由 4.3.1 节优化得到的钢渣钙元素回收条件下,用硝酸替代醋酸,研究酸的类型对钢渣中钙元素回收效果的影响(图 4.8)。可以看出,低硝酸/钢渣投加比下,浸出时间对钢渣各主要元素浸出效果的影响仍然不显著,钙、镁、铁和锰元素的浸出量随时间的延长而小幅增加,硅和铝元素的浸出量则随时间的延长而小幅下降。与醋酸相比,在低浓度硝酸浸出体系下,钢渣中铝和锰元素的浸取率变化不大,镁、铁和硅元素的浸取率则显著增加,使得钢渣中钙元素的回收纯度(以氧化钙的含量表示)下降至 60% 左右。并且在不同浸出时间下,钙元素的回收纯度在 58.7%～60.3% 的范围内变化。因此,在相同的低酸/钢渣投加比下,醋酸对钢渣中钙元素的回收效果优于硝酸。

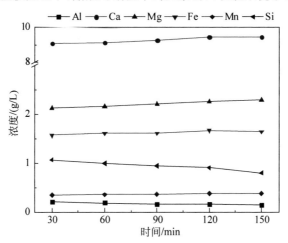

图 4.8　低硝酸/钢渣(粒径范围为 1～2 mm)投加比下(固液比为 1 g：10 mL 且浓度为 1 mol/L)钙元素在钢渣浸出液中的富集效果

低酸/钢渣投加比下,醋酸和硝酸浸取后残渣的元素组成分析如图 4.9 所示,图中比较了原始钢渣和酸浸出残渣中含量(以其氧化物的形式表示)大于 1% 的 7 种元素。可以看到,酸浸出过程对钢渣中镁和锰的含量并无显著影响,这主要是由于其在钢渣样品中原始含量不高(均低于 5%),镁和锰元素在酸溶液中虽有浸出,但与其他主要元素的浸出效率相当,因此酸浸出前后含量变化不大。钛元素在酸浸出后的残渣中有所富集,这主要是由于其在硝酸和醋酸环境中并无明显浸出效应。钢渣中钙、铁、铝和硅 4 种元素在酸浸出前后的含量变化较为显著。钙元素的含量在酸浸出残渣中明显下降,约降至其在原始钢渣中含量的一半左右,这表明钢渣中钙元素在低酸/钢渣投加比下具有较理想的浸取效果,是钢渣中在酸性环境中最易于被提取的元素。由于钢渣中钙元素的浸取效率优于铁、铝和硅等其他元素,使得这几种元素在酸浸出残渣中的含量明显上升,残渣中钙、硅、铁和铝 4 种元素的含量基本相当。此外,在低酸/钢渣投加比下的醋酸和硝酸浸出后,残渣中各元素的含量并无显著差别。

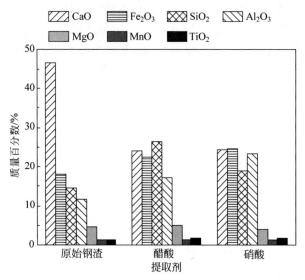

图 4.9　低酸/钢渣投加比下酸浸取残渣的元素组成分析(固液比为 1 g∶10 mL、
初始酸浓度为 1 mol/L、浸出时间为 2 h、室温、钢渣粒径≤ 0.1 mm)

4.3.3　低浓度酸多级浸取回收钢渣钙元素探究

4.3 节前述研究表明,采用低醋酸/钢渣投加比(3 g$_{醋酸}$∶5 g$_{钢渣}$)在较短时间(30 min)内即可取得理想的钙元素回收效果。为进一步提高钢渣中钙元素的回收率,本节探究采用新鲜低浓度醋酸对酸浸出残渣进行多级(5 次循环浸出)浸取的方式对钢渣中钙元素回收效果的影响(图 4.10)。可以看出,钙、镁、铝、铁和锰 5 种钢渣主要金属元素的回收率(回收量)均随浸出反应级数(循环浸出次数)的增加而逐渐增加。但就各元素的单级回收率(回收量)而言,除铁元素随反应级数基本保持不变外,其他元素均随反应级数的增加而逐渐下降。其中,钙元素的单级回收率(回收量)随反应级数的增加而逐渐下降的趋势最明显,从第 1 级的 37.5% 下降至第 5 级的 2.8%。这表明除铁外其他元素在低浓度醋酸中的浸出反应随反应级数的增加越来越难以发生,导致醋酸的利用率逐渐降低。然而当循环浸出反应达到第 5 级时,钢渣中钙元素的回收率可从单级浸出的 37.5% 升高至 60.3%。无论是第 1 级回收率还是 5 级总回收率,钙元素均高于其他所有元素。其他几种元素中,镁元素和锰元素的回收率也较高,其 5 级总回收率均超过 40%;铁元素和铝元素的回收率则始终较低,其 5 级总回收率均不超过 15%。再从各元素的回收量来看,虽然镁元素和锰元素在低醋酸/钢渣投加比条件下可以取得较高的单级或多级回收率,但由于其在钢渣样品中的含量较低(表 3.4),因此回收量并不高;而铁元素和铝元素虽然在钢渣样品中的含量较高,但由于其在低醋酸/钢渣投加比条件下的回收率较低,因此回收量也不高。由此可见,低醋酸/钢渣投加比条件下的酸浸出可以保证钢渣中钙元素与其他元素产生比较理想的分离效果,钙元素从钢渣浸出液中被回收,其他元素则基本留在酸浸出残渣中。

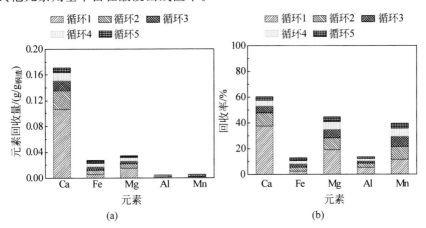

图 4.10　钢渣(粒径范围:1～2 mm)各主要元素在低浓度醋酸多级浸取过程中(室温、固液比为 1 g∶10 mL、初始酸浓度为 1 mol/L、单级浸出时间为 30 min)的回收量和回收率

(a) 回收量;(b) 回收率

低浓度硝酸(低硝酸/钢渣投加比)多级浸取过程对钢渣中钙元素回收效果的影响如图 4.11 所示。与使用醋酸的情形相同,在低浓度硝酸多级浸取过程中,钙、镁、铝、铁和锰 5 种钢渣主要金属元素的回收率(回收量)也均随浸出反应级数的增加而逐渐增加,并且钙元素的单级回收率(回收量)仍然随反应

级数的增加而逐渐下降,只是钙元素经过低浓度硝酸 5 级浸取后的总回收率(回收量)略高于其被醋酸浸取的情形。因此,无论使用醋酸还是硝酸,均不会造成钢渣中钙元素回收效果(回收率和回收量)的显著差异。然而,其他 4 种主要金属元素镁、铝、铁和锰的回收率则相比醋酸情形发生了显著变化,其前 3 级的回收率(回收量)相比被醋酸浸出的情形均明显提高,镁、铁和锰 3 种元素在第 2 级的回收率(回收量)甚至明显高于第 1 级,从而使得这 3 种元素的 5 级总回收率均超过钙元素,而锰元素的 5 级总回收率甚至高达 85.6%。铝元素的 5 级总回收率也超过 35%。这表明低浓度硝酸(低硝酸/钢渣投加比)多级浸取过程可显著促进钢渣中除钙元素外其他元素的浸出,从而使得钙元素的回收纯度受到显著影响。从元素的回收量来看,铁元素和钙元素同时从钢渣中大量溶出而无法实现钙、铁元素的有效分离。因此,低浓度强酸(低强酸/钢渣投加比)多级浸取并不适用于钢渣中钙元素的有效回收。

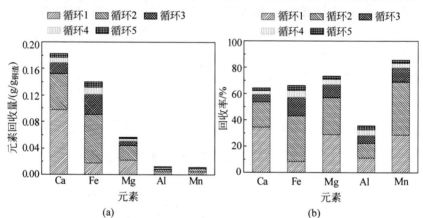

图 4.11　钢渣(粒径范围 1～2 mm)各主要元素在低浓度硝酸多级浸取过程中
(室温、固液比为 1 g∶10 mL、初始酸浓度为 1 mol/L、单级浸出时间
为 30 min)的回收量和回收率

(a) 回收量;(b) 回收率

4.4　酸活化耦合磁选回收钢渣中铁元素实验研究

4.4.1　酸浸出过程对钢渣磁选铁元素回收率的影响

通过低醋酸/钢渣投加比的酸浸出过程,钢渣中钙元素得以有效回收,铁元素则在酸浸出残渣中富集下来。本节将进一步探究采用磁选技术对酸

浸出残渣中铁元素进行回收的效果。酸浸出过程对钢渣磁选铁元素回收量的影响如图 4.12 所示。可以看出,无论是对原始钢渣还是对酸浸出残渣进行磁选,所有(经磁选回收的)富铁矿物的回收量均随离心速率的增加而逐渐降低。这是由于只有与磁铁产生更强磁力的富铁物相才能在更高的离心速率下被磁选出来。然而与对原始钢渣进行磁选相比,所有从酸浸出残渣中磁选所得的富铁矿物的回收量均显著提高。磁选离心速率为 100 r/min 时,从酸浸出条件为 2mol/L-2h-1g/5mL 所得残渣中可回收富铁矿物 74.3 mg/g$_{钢渣}$,是从原始钢渣中所磁选回收富铁矿物量(41.5 mg/g$_{钢渣}$)的 1.8 倍;而当磁选离心速率为 500 r/min 时,从酸浸出条件为 3mol/L-2h-1g/10mL 所得残渣中可回收富铁矿物 25.1 mg/g$_{钢渣}$,是从原始钢渣中所磁选回收富铁矿物量(10.0 mg/g$_{钢渣}$)的 2.5 倍。此外,对比酸浸出条件为 1mol/L-2h-1g/10mL,3mol/L-2h-1g/10mL 和 5mol/L-2h-1g/10mL 所得残渣的富铁矿物回收量可知,增加醋酸/钢渣投加比并不会显著提高富铁矿物的回收量,这主要是由于在高醋酸浓度下,钢渣中更多的铁元素将会溶出至钢渣浸出液中(图 4.7)。

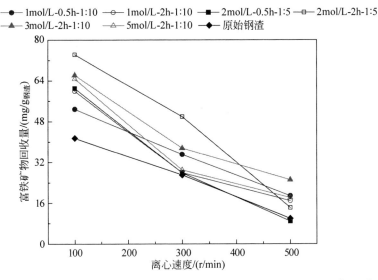

图 4.12　酸浸出过程对钢渣磁选铁元素回收量的影响(图例"A-B-C"中,A 代表初始酸浓度,mol/L；B 代表浸出时间,h；C 代表固液比,g∶mL)

4.4.2　酸浸出过程对钢渣磁选回收物中铁品位的影响

　　酸浸出过程对磁选回收的富铁矿物中铁品位(所含铁元素的质量分数)的影响如图 4.13 所示。可以看出,无论是从原始钢渣还是从酸浸出残渣中磁选回收而来的富铁矿物,其铁品位均随磁选离心速率的增加而逐渐上升,这同样是由于只有与磁铁产生更强磁力的富铁物相才能在更高的离心速率下被磁选出来,而富铁矿物与磁铁间的磁力大小通常与其铁品位成正相关。可喜的是,从酸浸出残渣中磁选所得富铁矿物的铁品位均显著高于从原始钢渣中磁选所得富铁矿物的铁品位。当磁选离心速率为 500 r/min 时,从酸浸出残渣中磁选所得富铁矿物的铁品位均超过 55%。而从酸浸出条件为 2mol/L-0.5h-1g/5mL 和 5mol/L-2h-1g/10mL 所得残渣中磁选回收的富铁矿物铁品位分别高达 70.0% 和 70.6%,已接近纯磁铁矿(Fe_3O_4)中铁品位的理论值 72.4%。这表明所磁选回收的富铁矿物可以作为高品质铁矿替代部分天然铁矿石用于高炉炼铁。因此,通过低醋酸/钢渣投加比的酸浸出过程,不仅可以从钢渣中回收高纯度生石灰(用于钢铁行业 CO_2 捕集和钢铁生产,在第 5 章和第 6 章进行详述),而且还能使得从钢渣中磁选回收的富铁矿物的回收量和铁品位均(比原始钢渣)显著提高,作为高品质铁矿用于高炉炼铁。

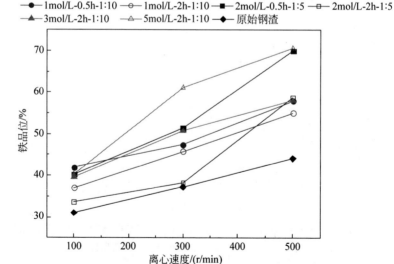

图 4.13　酸浸出过程对钢渣磁选回收物中铁品位的影响(图例"_A-B-C_"中,_A_ 代表初始酸浓度,mol/L;_B_ 代表浸出时间,h;_C_ 代表固液比,g∶mL)

4.4.3　酸浸出过程对钢渣磁选回收铁元素的强化机理

低醋酸/钢渣投加比的酸浸出过程对钢渣磁选回收铁元素的强化机理可以通过不同操作阶段所得矿物的 X 射线衍射图谱(图 4.14)加以分析。如同 3.2.2 节所述,钙铝石($Ca_{12}Al_{14}O_{33}$)、氢氧化钙($Ca(OH)_2$)、钙铁榴石(($Ca_{1.92}Fe_{1.08}$)Fe_2(SiO_4)$_3$)、硅酸二钙(Ca_2SiO_4)和水镁铁石($Mg_6Fe_2(OH)_{16}CO_3 \cdot 4H_2O$)是原始钢渣中含有的主要矿物相。然而经低醋酸/钢渣投加比的酸浸出过程后,钙铁榴石和水镁铁石两种矿物相已无法从酸浸出残渣中被检出。与此同时,新的矿物相石英(SiO_2)在酸浸出残渣中出现。这很可能是由于在低醋酸/钢渣投加比的酸浸出过程中,醋酸与钙铁榴石和水镁铁石两种矿物相发生反应,从而使得钙元素和镁元素从钢渣中溶出,游离石英物相则随着钙铁榴石等含硅矿物相的分解而在残渣中形成。酸浸出残渣经磁选回收铁元素后,钙铝石成为磁选残渣中的主要矿物相,磁铁矿(Fe_3O_4)和镁铁矿($MgFe_2O_4$)则是磁选所得富铁矿物中的主要物相(磁选离心速率为 500 r/min)。这表明磁铁矿(理论铁品位为 72.4%)和镁铁矿(理论铁品位为 56.0%)是可从酸浸出钢渣中磁选加以回收的铁磁性物相。因此,根据磁选所得富铁矿物中磁铁矿和镁铁矿物相比例的不

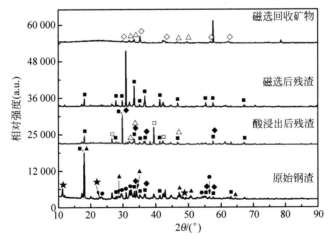

图 4.14　酸活化耦合磁选回收钢渣铁元素的不同阶段所得矿物的 X 射线衍射图谱
检出物相为:(■) 钙铝石,$Ca_{12}Al_{14}O_{33}$;(▲) 氢氧化钙,$Ca(OH)_2$;(◆) 钙铁榴石,($Ca_{1.92}Fe_{1.08}$)Fe_2(SiO_4)$_3$;(●) 硅酸二钙,Ca_2SiO_4;(★) 水镁铁石,$Mg_6Fe_2(OH)_{16}CO_3 \cdot 4H_2O$;(□) 石英,$SiO_2$;(△) 钙铁石,$Ca_2Fe_2O_5$;(◇) 磁铁矿、$Fe_3O_4$ 或镁铁矿,$MgFe_2O_4$

同,富铁矿物的铁品位在理论上应该位于 56.0%～72.4% 的范围内,这与图 4.13 中在离心速率为 500 r/min 时所磁选回收的富铁矿物铁品位实测值相符。

4.5　小　　结

本章以钢渣中钙、铁元素的回收为目标,详细考察了钢渣各主要元素在酸性浸出体系中的提取效果及其影响因素,探究了从钢渣中分离和回收钙、铁元素的方法。取得的主要结论如下:

(1) 在酸浸取过程中,固液比和初始酸浓度对 Ca,Mg,Al,Fe 和 Mn 等钢渣主要元素的浸出效果影响最为显著且呈正相关,而浸出时间、钢渣粒径和浸出温度对几种元素浸出效果的影响不大且无明显规律。

(2) 酸性强弱也是影响钢渣元素浸出效果的关键因素,在相同的浸出条件下,各元素在强酸(硝酸)中的浸出效果均优于弱酸(醋酸)。然而,低醋酸/钢渣投加比酸浸取可实现钢渣中 Ca 和 Fe 的有效分离,Ca 从钢渣浸出液中被回收,回收率可达 60.3%,Fe 的浸出率则可控制在 13% 以内而基本留在酸浸出残渣中。低强酸/钢渣投加比酸浸取则无法实现钢渣中 Ca 和 Fe 的有效分离。

(3) 低醋酸/钢渣投加比酸浸取是回收钢渣中 Ca 的有效途径,本研究可实现从每吨钢渣中回收约 270 kg CaO 纯度达 90% 的生石灰,用于钢铁行业 CO$_2$ 捕集和钢铁生产。

(4) 低醋酸/钢渣投加比酸浸取还能使得从钢渣中磁选回收的富铁矿物的回收量和铁品位均相比原始钢渣得到显著提高,作为高品质铁矿用于高炉炼铁。钢渣样品中含铁物相钙铁榴石和水镁铁石在醋酸作用下分解而释放出磁性铁(主要是 Fe$_3$O$_4$ 和 MgFe$_2$O$_4$),是酸浸取过程对钢渣磁选回收 Fe 产生强化效应的主要原因。

第5章 钢渣制备钙基 CO_2 吸附材料及其 CO_2 吸附性能研究

5.1 引 言

第3章的研究表明,钢渣中虽富含钙元素,但可以与 CO_2 发生碳酸化反应的活性钙组分却含量较低,多数钙元素以 CO_2 惰性的形式存在。因此,提高钢渣对 CO_2 的吸附量,需要设法活化这些惰性钙,将其转化为活性组分。而第4章的研究表明,酸浸取是实现钢渣中钙元素的活化与选择性分离的一种有效途径。为此,本章将基于前述研究成果,探究将钢渣制备成高效钙基 CO_2 循环吸附材料的技术方法。需要指出的是,将钢渣作为原料制备钙基 CO_2 吸附材料用于工业源碳捕集有其潜在的优势之处。首先,钢渣是一类元素和物相组成相对稳定的富钙工业固废,其中钙元素含量可达30%以上,因此具有一定的元素或物质回收价值;其次,钢渣是一类年产量巨大且利用率较低的大宗工业固废,因此作为生产原料具有来源丰富性和廉价性;再次,钢渣常以灰渣态形式产生,易于预处理与加工;最后,钢铁行业既是大宗工业固废钢渣的产生源又是温室气体 CO_2 的主要工业排放源,若实现利用钢渣捕集钢铁行业所排放的 CO_2,则可取得巨大的经济和环境效益。

本章内容安排如下:5.2节合成与表征钢渣源钙基 CO_2 吸附材料;5.3节研究钢渣源 CO_2 吸附材料在高温钙循环模式下捕集 CO_2 的影响因素;5.4节分析钢渣源钙基 CO_2 吸附材料基于高温钙循环捕集 CO_2 的稳定化机理;5.5节开展钢渣源钙基 CO_2 吸附材料应用于钢铁行业碳捕集的初步技术经济分析;5.6节是本章小结。

5.2　钢渣源钙基 CO_2 吸附材料合成及其性能表征

5.2.1　金属醋酸盐协同沉淀技术合成钙基 CO_2 吸附材料

　　由钢渣浸出液蒸发结晶（烘干）得到的新鲜钢渣源钙基 CO_2 吸附材料 2mol/L-2h-1g/5mL 在氮气-程序升温分解过程中的同步质量、热流量和气态分解产物变化曲线如图 5.1(a)所示。根据 2.3.1 节中对材料的命名法，2mol/L-2h-1g/5mL 是指在常温常压条件下，初始醋酸浓度为 2 mol/L、钢渣样品与醋酸溶液的投加比（固液比）为 1 g∶5 mL、浸出时间为 2 h 所得钢渣浸出液经烘干而制得的 CO_2 吸附材料。从图 5.1(a)中的样品质量变化曲线可以看出，新鲜钢渣源 2mol/L-2h-1g/5mL 材料在其氮气-程序升温分解过程中先后共经历了三个分解反应阶段，这三段分解反应分别对应的温度区间为 130~225℃、360~500℃ 和 630~750℃。同时，在样品的热流量曲线上也明显出现了三个与分解反应过程相对应的吸热峰，这三个主要吸热峰分别位于 185℃（215℃）、435℃ 和 745℃。在样品的第一个分解阶段，热流量曲线上的吸热峰实际是由 185℃和 215℃处的两个相邻小峰所组成，而在样品气态分解产物的质谱分析信号中两个水蒸气小峰的出现，证明此阶段所发生的分解反应为新鲜钢渣源 2mol/L-2h-1g/5mL 材料中醋酸盐的脱水反应。在样品的第二个分解阶段，其气态分解产物的质谱分析信号中检测到丙酮的强峰，证明此阶段所发生的分解反应主要为醋酸钙的分解反应，生成碳酸钙并释放出丙酮[133, 134]：

$$Ca(CH_3COO)_2 \xrightarrow{350\sim450℃} CaCO_3 + C_3H_6O \tag{5-1}$$

同时，在样品第二个分解阶段所对应的质谱分析信号中，水蒸气和 CO_2 的小峰也伴随丙酮主峰出现，这表明钢渣源 2mol/L-2h-1g/5mL 材料在此温度区间还有（除醋酸钙外）其他物相的脱水和脱碳反应发生。在第三个分解阶段，样品气态分解产物的质谱分析信号中检测到单一的 CO_2 强峰，表明此阶段所发生的分解反应为碳酸钙的煅烧分解反应，从而形成以氧化钙物相为主要矿物成分的钙基 CO_2 吸附材料。

　　图 5.2 比较了几种新鲜钢渣源钙基 CO_2 吸附材料的氮气-程序升温分解曲线。1mol/L-0.5h-1g/10mL，1mol/L-2h-1g/10mL，2mol/L-0.5h-1g/5mL 和 2mol/L-2h-1g/5mL 4 种钢渣源钙基 CO_2 吸附材料呈现出几乎一致的程序升温分解曲线，它们在三个分解阶段的减重率分别为约 5.1%、约

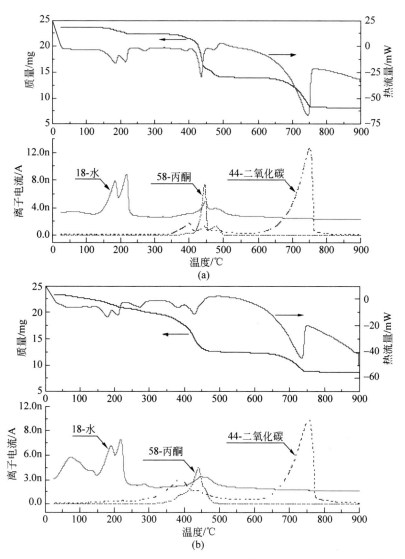

图 5.1　两种钢渣源钙基 CO_2 吸附材料在程序升温分解过程中的同步质量、热流量和气态分解产物变化曲线

(a) 2mol/L-2h-1g/5mL；(b) 3mol/L-2h-1g/10mL

34.5%和约 22.9%。从几种材料在其醋酸盐脱水阶段的减重率约为 5.1% 的情况可以推知，在经烘干后的新鲜钢渣源钙基 CO_2 吸附材料中，醋酸钙物相并非以其常见的一水合物（$Ca(CH_3COO)_2 \cdot H_2O$）形式存在。而这一减重率（约 5.1%）却与一水合二醋酸钙中结晶水的理论含量（5.4%）相吻合,这说明在新鲜钢渣源钙基CO_2吸附材料中,醋酸钙是以一水合二醋酸钙($2Ca(CH_3COO)_2 \cdot H_2O$)的形式存在的。与上述四种材料相比,钢渣源钙基$CO_2$吸附材料 3mol/L-2h-1g/10mL 和 5mol/L-2h-1g/10mL 的程序升温分解曲线呈现出不同的情形。首先,3mol/L-2h-1g/10mL 和 5mol/L-2h-1g/10mL 两种材料的归一化质量在低于 450℃时持续下降,在其程序升温分解曲线上,醋酸盐脱水和醋酸钙分解阶段之间无法明确区分。从钢渣源 3mol/L-2h-1g/10mL 材料的同步质量、热流量和气态分解产物变化曲线(图 5.1(b))中可以看出,在 50~100℃和 250~300℃两个温度区间内,在样品气态分解产物的质谱分析信号中分别检测到一个新的水蒸气峰,这说明新鲜钢渣源 3mol/L-2h-1g/10mL 和 5mol/L-2h-1g/10mL 材料中孔隙水和其他结晶水的释放是造成其在醋酸盐脱水和醋酸钙分解连续两个阶段持续减重的主要原因,并且初始醋酸溶液浓度越大,所得钢渣源 CO_2 吸附材料在脱水阶段的减重幅度越大。由此可见,在采用钢渣浸出液中金属醋酸盐协同沉淀技术制备钢渣源钙基CO_2吸附材料的过程中,初始醋酸投加比的增加会抑制所得钢渣源钙基CO_2吸附材料在烘干过程中的脱水效果。其次,在碳酸钙分解阶段,3mol/L-2h-1g/10mL 和 5mol/L-2h-1g/10mL 材料的减重幅度也明显不及另外 4 种钢渣源材料,这说明在钢渣源 3mol/L-2h-1g/10mL 和 5mol/L-2h-1g/10mL 材料中,醋酸钙组分的含量较低。

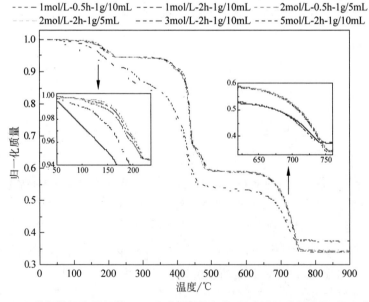

图 5.2　几种新鲜钢渣源钙基CO_2吸附材料的氮气-程序升温分解曲线(见文前彩图)

5.2.2　钢渣源钙基 CO_2 吸附材料物化性能表征

几种新鲜钢渣源钙基 CO_2 吸附材料经 900℃ 高温煅烧后的元素组成见表 5.1。合成的 6 种钢渣源钙基 CO_2 吸附材料均主要由钙和镁元素组成（除氧元素外），其他微量元素包括铁、锰、硅和铝等。1mol/L-0.5h-1g/10mL，1mol/L-2h-1g/10mL，2mol/L-0.5h-1g/5mL 和 2mol/L-2h-1g/5mL 4 种钢渣源钙基 CO_2 吸附材料的元素组成十分接近，其中钙元素含量（以其氧化物形式表示）高达 89.1%～90.7%，钙、镁元素总含量均超过 95%，该实验结果解释了这 4 种钢渣源 CO_2 吸附材料在图 5.2 中的程序升温分解曲线几乎一致的现象。此外，比较 1mol/L-2h-1g/10mL，3mol/L-2h-1g/10mL 和 5mol/L-2h-1g/10mL 三种钢渣源钙基 CO_2 吸附材料的元素组成可知，随着醋酸溶液初始浓度（即醋酸相对钢渣的投加比）的增加，所合成钢渣源 CO_2 吸附材料中钙元素含量（以其氧化物形式表示）从 90.1% 逐渐降低到 64.2%，1mol/L-2h-1g/10mL 材料中所含钙元素明显高于 3mol/L-2h-1g/10mL 材料和 5mol/L-2h-1g/10mL 材料，这与图 5.2 中在碳酸钙分解阶段，3mol/L-2h-1g/10mL 和 5mol/L-2h-1g/10mL 材料的减重幅度也明显不及 1mol/L-2h-1g/10mL 材料的实验结果相吻合。合成钢渣源 CO_2 吸附材料中钙元素含量随醋酸投加比的增大而逐渐降低的同时，材料中铁、硅和铝等元素的含量则显著增加。

表 5.1　高温煅烧后几种钢渣源钙基 CO_2 吸附材料的元素组成分析　%

材　　料	CaO	MgO	Fe_2O_3	MnO	SiO_2	Al_2O_3	其他
1mol/L-0.5h-1g/10mL	90.7	4.9	1.4	1.2	0.4	0.2	1.2
1mol/L-2h-1g/10mL	90.1	6.2	1.1	1.3	0.1	0.1	1.1
2mol/L-0.5h-1g/5mL	89.8	5.5	1.9	1.3	0.2	0.2	1.1
2mol/L-2h-1g/5mL	89.1	6.3	1.8	1.3	0.1	0.1	1.3
3mol/L-2h-1g/10mL	69.1	7.3	8.4	1.3	5.0	6.2	2.7
5mol/L-2h-1g/10mL	64.2	9.8	8.1	1.3	7.1	7.2	2.3

图 5.3(a)比较了经 900℃ 高温煅烧后，1mol/L-0.5h-1g/10mL，1mol/L-2h-1g/10mL，2mol/L-0.5h-1g/5mL 和 2mol/L-2h-1g/5mL 4 种钢渣源钙基 CO_2 吸附材料的 X 射线衍射图谱。可以看出，4 种材料的 X 射线衍射峰的峰位置和峰强度均高度一致，氧化钙是几种钢渣源 CO_2 吸附材料中的主要物相，其他微量物相包括氧化镁和硫化钙。虽然这 4 种材料在制备过程中采用了不同的醋酸溶液初始浓度、浸出时间和固液比等操作参数，但其醋酸相对

钢渣的投加比保持在 3 g(醋酸)/5 g(钢渣)这一相同的水平。由此说明,在相同醋酸/钢渣投加比的情况下,醋酸溶液初始浓度、浸出时间和固液比等操作参数对所得钢渣源钙基 CO_2 吸附材料的物相组成并无显著影响。然而,随着醋酸/钢渣投加比的增大,微量含铁物相钙铁石($Ca_2Fe_2O_5$)和含铁、硅物相橄榄石(($MgFe)_2SiO_4$)在钢渣源 3mol/L-2h-1g/10mL 和 5mol/L-2h-1g/10mL 材料中被检测出来(图 5.3(b)),这与表 5.1 中材料中铁和硅的含量随醋酸投加比的增大而增加的结论互相印证,说明醋酸/钢渣投加比是影响钢渣源钙基 CO_2 吸附材料物相组成的主要原因。

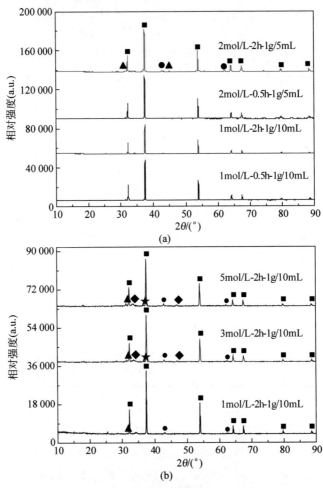

图 5.3 高温煅烧后几种钢渣源钙基 CO_2 吸附材料的 X 射线衍射图谱

检出物相为:(■)氧化钙,CaO;(●)氧化镁,MgO;(▲)硫化钙,CaS;(◆)钙铁石,$Ca_2Fe_2O_5$;(★)橄榄石,($MgFe)_2SiO_4$

表 5.2 比较了合成的钢渣源钙基 CO_2 吸附材料在高温煅烧前后孔隙特征的变化。高温煅烧前,1mol/L-0.5h-1g/10mL,1mol/L-2h-1g/10mL,2mol/L-0.5h-1g/5mL 和 2mol/L-2h-1g/5mL 4 种新鲜钢渣源钙基 CO_2 吸附材料的 BET 比表面积和 BJH 孔体积十分相近,BJH 孔体积均为 0.04 cm^3/g,BET 比表面积也在 6.9～7.6 m^2/g 范围内小幅波动。这表明在相同醋酸/钢渣投加比下,醋酸溶液初始浓度、浸出时间和固液比等操作参数对所得钢渣源钙基 CO_2 吸附材料的孔隙特征影响不大。而随着醋酸/钢渣投加比的增大,新鲜钢渣源钙基 CO_2 吸附材料的 BET 比表面积和 BJH 孔体积均显著提高,钢渣源 5mol/L-2h-1g/10mL 材料的 BET 比表面积达到 57.6 m^2/g,BJH 孔体积则达到 0.11 cm^3/g,表明醋酸/钢渣投加比也是影响钢渣源钙基 CO_2 吸附材料孔隙特征的主要原因。这可能是由于在高醋酸/钢渣投加比下,所得新鲜材料的孔隙中填充了大量的水和醋酸分子(图 5.1(b)),从而在一定程度上支撑起了材料的内部孔隙。在经 900℃ 高温煅烧后,所有钢渣源钙基 CO_2 吸附材料的比表面积和孔体积均显著下降,高温煅烧过程对材料孔隙特征产生明显影响。由相同醋酸/钢渣投加比制得的钢渣源 1mol/L-0.5h-1g/10mL,1mol/L-2h-1g/10mL,2mol/L-0.5h-1g/5mL 和 2mol/L-2h-1g/5mL 材料仍呈现出一致的孔隙特征,BET 比表面积降低到约 3.0 m^2/g,BJH 孔体积降低到 0.01 cm^3/g。在煅烧后的所有材料中,钢渣源 5mol/L-2h-1g/10mL 材料呈现出最佳的孔隙性能,其 BET 比表面积为 8.2 m^2/g,BJH 孔体积为 0.04 cm^3/g。

表 5.2　高温煅烧前后几种钢渣源钙基 CO_2 吸附材料的比表面积和孔体积变化

材　料	煅烧前(105℃烘干)		煅烧后(900℃煅烧)	
	BET 比表面积 /(m^2/g)	BJH 孔体积 /(cm^3/g)	BET 比表面积 /(m^2/g)	BJH 孔体积 /(cm^3/g)
1mol/L-0.5h-1g/10mL	7.6	0.04	3.0	0.01
1mol/L-2h-1g/10mL	6.9	0.04	3.0	0.01
2mol/L-0.5h-1g/5mL	7.2	0.04	3.0	0.01
2mol/L-2h-1g/5mL	7.1	0.04	2.6	0.01
3mol/L-2h-1g/10mL	53.4	0.07	7.0	0.03
5mol/L-2h-1g/10mL	57.6	0.11	8.2	0.04

高温煅烧后,可以进一步通过钢渣源钙基 CO_2 吸附材料的孔隙特征考察其微观表面形貌(图 5.4)。从扫描电子显微成像的低倍视野(图 5.4(a))

可以看出,经煅烧的钢渣源 1mol/L-2h-1g/10mL 材料的表面形貌呈现出良好的均一性,颗粒尺寸比较规则;而经高倍视野(图 5.4(b))观察发现,这些轮廓清晰的小颗粒主要由尺寸约为 200 nm 的纳米微球聚合而成,从而保证了材料良好的孔隙特征。

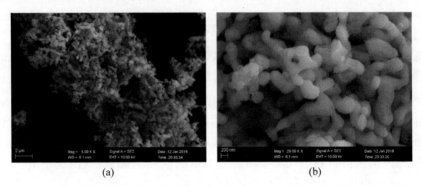

(a)　　　　　　　　　　　　(b)

图 5.4　典型钢渣源钙基 CO_2 吸附材料 1mol/L-2h-1g/10mL 在高温煅烧后的表面形貌

(a) 低倍视野;(b) 高倍视野

5.2.3　钢渣源钙基材料 CO_2 吸附性能研究

　　几种钢渣源钙基 CO_2 吸附材料的恒温 CO_2 吸附曲线如图 5.5 所示,商品化氧化钙的恒温 CO_2 吸附曲线作为对照在图中一并画出。商品化氧化钙对 CO_2 的吸附过程也遵循经典的化学反应动力学-产物层扩散两阶段控制理论。在前 5 min 内,商品化氧化钙经历了一个快速的 CO_2 吸附阶段,这一时期主要受到其碳酸化反应本身的热动力学特征控制。Abanades 等经研究指出[126],在碳酸化反应动力学控制阶段,氧化钙(钙基 CO_2 吸附材料)中孔径小于 100 nm 的孔将不断被反应新产生的碳酸钙所填充。随后,商品化氧化钙的 CO_2 吸附反应逐渐转入缓慢的碳酸钙产物层扩散控制阶段。Alvarez 和 Abanades 经研究指出[135],当碳酸钙产物层的厚度生长到约 50 nm 时,氧化钙的碳酸化反应将从化学反应动力学控制阶段转向产物层扩散控制阶段。在碳酸化反应动力学控制阶段,几种钢渣源钙基 CO_2 吸附材料的 CO_2 吸附速率(碳酸化反应速率)不及商品化氧化钙。然而在碳酸钙产物层扩散控制阶段,1mol/L-0.5h-1g/10mL,1mol/L-2h-1g/10mL,2mol/L-0.5h-1g/5mL 和 2mol/L-2h-1g/5mL 4 种钢渣源 CO_2 吸附材料的 CO_2 吸附速率则明显快于商品化氧化钙。碳酸化反应约 20 min 后,这 4 种钢

渣源 CO_2 吸附材料的 CO_2 吸附量便已达到 0.30 $g_{CO_2}/g_{吸附材料}$，并超过商品化氧化钙。经过 120 min 的碳酸化反应，钢渣源 1mol/L-2h-1g/10mL 材料的 CO_2 吸附量最高，达到 0.62 $g_{CO_2}/g_{吸附材料}$，是商品化氧化钙 CO_2 吸附量的 1.5 倍。这体现了醋酸（盐）对钙基 CO_2 吸附材料的活化效应[136]。此外，1mol/L-0.5h-1g/10mL，1mol/L-2h-1g/10mL，2mol/L-0.5h-1g/5mL 和 2mol/L-2h-1g/5mL 4 种钢渣源 CO_2 吸附材料的 CO_2 吸附曲线比较接近，呈现出相似的 CO_2 吸附性能。这表明在相同醋酸/钢渣投加比下，醋酸溶液初始浓度、浸出时间和固液比等操作参数对所得钢渣源钙基 CO_2 吸附材料的恒温 CO_2 吸附性能影响不大。然而随着醋酸/钢渣投加比的增大，钢渣源 CO_2 吸附材料的 CO_2 吸附量逐渐下降，钢渣源 3mol/L-2h-1g/10mL 和 5mol/L-2h-1g/10mL 材料在反应 120 min 后的 CO_2 吸附量仅为 1mol/L-2h-1g/10mL 材料的一半左右。这主要是由于钢渣源 3mol/L-2h-1g/10mL 和 5mol/L-2h-1g/10mL 材料中氧化钙的含量相对较低（表 5.1）。

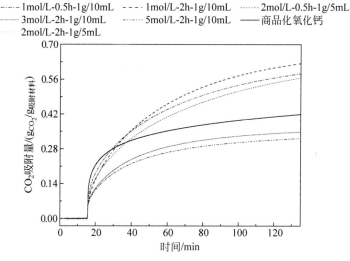

图 5.5　在 700℃下 15% CO_2＋85% N_2 气氛中钢渣源钙基材料的恒温 CO_2 吸附性能（见文前彩图）

图 5.6 进一步比较了典型钢渣源钙基 CO_2 吸附材料与商品化氧化钙和原始钢渣在高温钙循环条件下的循环 CO_2 吸附性能。3.5.2 节的研究表明，相比钢渣高温气固碳酸化直接固定 CO_2，通过高温钙循环对 CO_2 进行循环捕集可以大幅提高钢渣的 CO_2 捕集容量。然而从图 5.6 中可以看

出,钢渣作为钙基 CO_2 吸附材料应用于高温钙循环捕集 CO_2,其循环 CO_2 吸附性能仍十分有限,与商品化氧化钙相差甚远。在本研究的操作条件下,钢渣的 CO_2 吸附量从第 1 个循环的 0.05 $g_{CO_2}/g_{吸附材料}$ 逐渐下降到第 30 个循环的 0.02 $g_{CO_2}/g_{吸附材料}$。这是由于钢渣中的钙元素主要以 $Ca_{12}Al_{14}O_{33}$ 和 Ca_2SiO_4 等 CO_2 惰性组分的形式存在(图 3.3 和表 3.5)。而以商品化氧化钙作为 CO_2 吸附材料用于高温钙循环 CO_2 捕集,也存在着 CO_2 吸附循环稳定性较差这一瓶颈问题。图 5.6 中经历 10 个碳酸化-煅烧循环,商品化氧化钙的 CO_2 吸附量便已下降至不足其初始 CO_2 吸附量的 1/3;到第 30 个循环时,其 CO_2 吸附量仅剩余 0.10 $g_{CO_2}/g_{吸附材料}$。对于钢渣源钙基 CO_2 吸附材料 3mol/L-2h-1g/10mL,其循环 CO_2 吸附量始终保持在 0.25 $g_{CO_2}/g_{吸附材料}$ 左右,相比原始钢渣已有显著提高;经历 30 个循环后,其 CO_2 吸附量仅衰减约 12%,CO_2 吸附循环稳定性明显优于商品化氧化钙。钢渣源 3mol/L-2h-1g/10mL 材料表现出良好的循环 CO_2 吸附性能(包括循环吸附量与循环稳定性)。钢渣源 1mol/L-2h-1g/10mL 材料的循环 CO_2 吸附量比 3mol/L-2h-1g/10mL 材料更高,其 CO_2 吸附量在第 2 个循环达到最大值 0.50 $g_{CO_2}/g_{吸附材料}$,已接近商品化氧化钙的最大 CO_2 吸附量。然而其 CO_2 吸附量却从第 2 个循环起以平均每循环 1.4% 的速率逐渐衰减,虽然循环稳定性仍明显优于商品化氧化钙,但也明显不及钢渣源

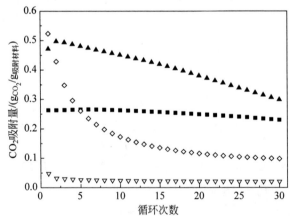

图 5.6　钢渣源钙基 CO_2 吸附材料与商品化氧化钙和原始钢渣的循环(碳酸化-煅烧)CO_2 吸附性能对比

(■)钢渣源材料 3mol/L-2h-1g/10mL;(▲)钢渣源材料 1mol/L-2h-1g/10mL;(◇)商品化氧化钙;(▽)原始钢渣

3mol/L-2h-1g/10mL 材料。而到第 30 个循环时,钢渣源 1mol/L-2h-1g/10mL 材料的 CO_2 吸附量剩余 0.30 g_{CO_2}/g吸附材料,仍高于钢渣源 3mol/L-2h-1g/10mL 材料(0.23 g_{CO_2}/g吸附材料)。因此,钢渣源 1mol/L-2h-1g/10mL 材料具有比 3mol/L-2h-1g/10mL 材料更优异的循环 CO_2 吸附性能。

5.3　钢渣源 CO_2 吸附材料高温钙循环捕集 CO_2 的影响因素研究

5.3.1　钢渣源 CO_2 吸附材料中杂质元素对其 CO_2 吸附性能的影响

前述研究表明,铝、镁、铁和锰四种金属元素作为钢渣中与钙元素共存的主要元素,将在酸浸取过程中随钙元素一并进入钢渣浸出液。因此,这些元素也成为由钢渣浸出液制得的钢渣源钙基 CO_2 吸附材料中的主要杂质元素。为研究这些元素与钙元素共存的情况下对钢渣源 CO_2 吸附材料 CO_2 吸附性能的影响,本节根据第 4 章的研究成果,采用有利于钢渣各主要元素提取的酸浸出条件(醋酸溶液初始浓度为 4 mol/L,固液比为 1g：20mL,浸出时间为 1 h)来获取钢渣浸出液,从而制备出钢渣源钙基 CO_2 吸附材料 4mol/L-1h-1g/20mL 用于 5.3 节的研究。

如表 5.3 所示,在钢渣源 4mol/L-1h-1g/20mL 材料中,镁、铝和铁是 3 种主要的杂质元素,其含量(以其氧化物的形式表示)相近,分别为 7.28%、7.46% 和 9.34%；硅元素的含量次之,锰元素含量最低,仅约为 1%。镁掺杂、铝掺杂、铁掺杂和锰掺杂 4 种钢渣源 4mol/L-1h-1g/20mL 材料中钙元素的含量在 67.06%～73.98% 的范围内,与原始钢渣源 4mol/L-1h-1g/20mL 材料中钙元素含量(68.71%)比较相近。而镁、铝、铁和锰 4 种元素在其所掺杂材料中的含量均控制在 15%～20%。

表 5.3　钢渣源钙基 CO_2 吸附材料 4mol/L-1h-1g/20mL 及其掺杂不同杂质元素所得材料的元素组成和理论 CO_2 吸附潜能

材　　料	元素组成/%							吸附潜能/(g_{CO_2}/g)
	CaO	MgO	Al_2O_3	Fe_2O_3	MnO	SiO_2	其他	
4mol/L-1h-1g/20mL	68.71	7.28	7.46	9.34	1.10	4.21	1.90	0.372
铝掺杂材料	67.06	7.03	18.79	4.21	1.06	0.47	1.38	0.504

材　　料	元素组成/%							吸附潜能 /(g_{CO_2}/g)
	CaO	MgO	Al_2O_3	Fe_2O_3	MnO	SiO_2	其他	
镁掺杂材料	73.98	17.62	0.41	4.57	1.17	0.59	1.66	0.556
铁掺杂材料	67.48	9.30	0.51	19.41	1.03	0.62	1.65	0.455
锰掺杂材料	69.72	8.00	0.40	4.30	14.56	0.51	2.51	0.434

　　钢渣源钙基 CO_2 吸附材料 4mol/L-1h-1g/20mL 及其掺杂不同杂质元素所得材料的 X 射线衍射谱图如图 5.7 所示。氧化钙是钢渣源 4mol/L-1h-1g/20mL 材料的主要物相,其他物相主要包括钙铁石($Ca_2Fe_2O_5$)或钙铁铝石(Ca_2FeAlO_5)、钙铝石($Ca_{12}Al_{14}O_{33}$)、硅酸二钙(Ca_2SiO_4)和氧化镁(MgO)。因此,在钢渣源钙基 CO_2 吸附材料中,杂质元素铝、铁和硅均主要以其钙盐($Ca_{12}Al_{14}O_{33}$、$Ca_2Fe_2O_5$ 和 Ca_2SiO_4)形式存在。在此需要指出的是,铝和铁元素可以形成混合钙盐——钙铁铝石(Ca_2FeAlO_5),其空间结构相当于由一个铝原子取代钙铁石($Ca_2Fe_2O_5$)结构中的一个铁原子而形成。因此,Ca_2FeAlO_5(PDF♯71-0667)和 $Ca_2Fe_2O_5$(PDF♯71-2108)两种物相的 X 射线衍射特性极其相似,其各主要衍射峰在 X 射线衍射谱图中几乎完全重叠而难以区分,为此在图 5.7 中以一种符号表示 Ca_2FeAlO_5 和 $Ca_2Fe_2O_5$ 两种物相。在杂质元素铝和铁共存于钢渣源钙基 CO_2 吸附材料时,Ca_2FeAlO_5 也是一种可能存在的物相形态。在镁掺杂钢渣源 4mol/L-1h-1g/20mL 材料中,镁元素以氧化镁物相的形式存在而并未与钙元素形成混合物相;在铝掺杂钢渣源 4mol/L-1h-1g/20mL 材料中,除 $Ca_{12}Al_{14}O_{33}$ 物相外,还检测到未与 CaO 相结合的 Al_2O_3 物相的存在;在铁掺杂钢渣源 4mol/L-1h-1g/20mL 材料中,铁元素主要以 $Ca_2Fe_2O_5$ 的形式存在,但也有微量 Fe_2O_3 物相被检出;在锰掺杂钢渣源 4mol/L-1h-1g/20mL 材料中,锰元素也是以其与钙元素结合而形成的锰酸钙($CaMnO_3$)物相的形式存在。由此,假设杂质元素铝、铁、锰和硅与钙元素结合所形成的钙盐为 CO_2 惰性,则可计算出各种钢渣源 4mol/L-1h-1g/20mL 材料的理论 CO_2 吸附潜能(表 5.3)。其中,原始钢渣源 4mol/L-1h-1g/20mL 材料的理论 CO_2 吸附潜能最低,为 0.372 g_{CO_2}/g吸附材料;四种有杂质元素掺杂的钢渣源 4mol/L-1h-1g/20mL 材料的理论 CO_2 吸附潜能在 0.434~0.556 g_{CO_2}/g吸附材料之间,均大于原始钢渣源 4mol/L-1h-1g/20mL 材料。

　　图 5.8 比较了钢渣源钙基 CO_2 吸附材料 4mol/L-1h-1g/20mL 及其掺杂不同杂质元素所得材料的循环 CO_2 吸附性能。可以看出,各种有杂质元素掺

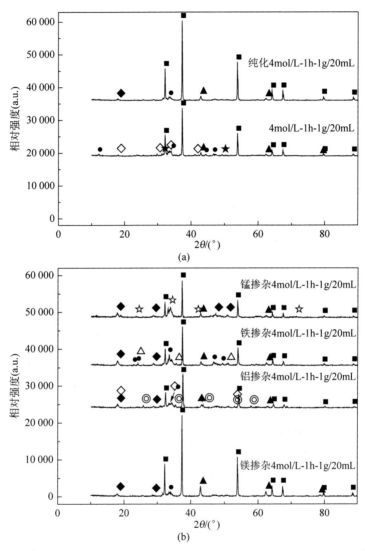

图 5.7　钢渣源钙基 CO_2 吸附材料 4mol/L-1h-1g/20mL 及其

掺杂不同杂质元素所得材料的 X 射线衍射谱图

检出物相为：（■）氧化钙，CaO；（▲）氧化镁，MgO；（◇）钙铝石，$Ca_{12}Al_{14}O_{33}$；（●）钙铁石，$Ca_2Fe_2O_5$ 或钙铁铝石，Ca_2FeAlO_5；（★）硅酸二钙，Ca_2SiO_4；（◆）氢氧化钙，$Ca(OH)_2$；（△）氧化铁，Fe_2O_3；（☆）锰酸钙，$CaMnO_3$

杂的钢渣源 4mol/L-1h-1g/20mL 材料均呈现出与原始钢渣源 4mol/L-1h-1g/20mL 材料不同的循环 CO_2 吸附特征。在所有钢渣源 4mol/L-1h-1g/20mL 材料中,尽管铁掺杂材料达到了最高的初始碳酸化率(超过 80%),却也表现出最差的 CO_2 吸附循环稳定性,其 CO_2 吸附量从第 2 个循环起以平均每循环 1.3% 的速率逐渐衰减,表明钢渣源钙基 CO_2 吸附材料中杂质元素铁的存在将削弱材料在高温钙循环过程中的 CO_2 吸附循环稳定性。这主要是由于铁掺杂材料中形成的 $Ca_2Fe_2O_5$ 物相的熔点较低(表 5.4),其泰曼温度低于高温钙循环的操作温度区间,因而在铁掺杂材料循环吸附 CO_2 过程中不断烧结而破坏材料的 CO_2 吸附循环稳定性。对于锰掺杂材料,其循环 CO_2 吸附量和碳酸化率均在所有钢渣源 4mol/L-1h-1g/20mL 材料中处于最低水平。并且在前 10 个碳酸化-煅烧循环中,锰掺杂材料的 CO_2 吸附量和碳酸化率持续衰减,但随后材料的 CO_2 吸附量和碳酸化率开始稳定下来并保持在 $0.22\ g_{CO_2}/g_{吸附材料}$ 左右,直至第 30 次循环。锰掺杂钢渣源 4mol/L-1h-1g/20mL 材料的 CO_2 吸附量在前几个碳酸化-煅烧循环逐渐下降的主要原因在于材料中 $CaMnO_3$ 物相向 Ruddlesden-Popper(RP)相——(CaO) · $(CaMnO_3)_n\ (n=1,2,3,\cdots)^{[137]}$ 的部分转化。图 5.9 比较了循环碳酸化-煅烧反应前后锰掺杂钢渣源 4mol/L-1h-1g/20mL 材料的 X 射线衍射谱图。可以看出,循环反应前,锰掺杂材料中的钙-锰混合物相主要是 $CaMnO_3$;而 15 次循环之后,材料中检测出新的钙-锰混合物相锰酸二钙 (Ca_2MnO_4)、锰酸三钙 $(Ca_3Mn_2O_7)$ 和锰酸四钙 $(Ca_4Mn_3O_{10})$,从而证明了在锰掺杂钢渣源钙基 CO_2 吸附材料循环吸附 CO_2 的过程中,氧化钙物相在发生碳酸化反应吸附 CO_2 的同时,也会与钙-锰混合物相 $CaMnO_3$ 进一步发生化合反应生成其 RP 相,从而降低了材料中可用于 CO_2 吸附的活性氧化钙含量,使得锰掺杂材料在前 10 个碳酸化-煅烧循环内的 CO_2 吸附量有所下降。然而,$CaMnO_3$ 物相较高的熔点和泰曼温度(表 5.4)使其在高温下具有良好的抗烧结稳定性[138-139],从而可以有效抑制氧化钙物相的烧结,使得锰掺杂材料对 CO_2 的吸附从第 10 个循环起呈现出优异的稳定化效果。

值得注意的是,分别掺杂了镁和铝的钢渣源 4mol/L-1h-1g/20mL 材料表现出比原始钢渣源 4mol/L-1h-1g/20mL 材料更加优异的循环 CO_2 吸附性能。镁掺杂和铝掺杂材料在第一个碳酸化-煅烧循环达到了与原始钢渣源 4mol/L-1h-1g/20mL 材料相近的 CO_2 吸附量,分别为 $0.31\ g_{CO_2}/g_{吸附材料}$ 和 $0.25\ g_{CO_2}/g_{吸附材料}$。然而与原始钢渣源 4mol/L-1h-1g/20mL 材料不同的是,在前 10 个碳酸化-煅烧循环中,镁掺杂和铝掺杂材料的 CO_2 吸附量均随反应循环次数的增加而逐渐增大。其中镁掺杂材料 CO_2 吸附量的增大趋势更为明显,到第 10 个循环时已增至 0.40 g_{CO_2}/g$_{吸附材料}$,增幅近 30%。第 10 个循环后,镁掺杂材料的 CO_2 吸附量逐渐下降,铝掺杂材料的循环 CO_2 吸附量则基本保持稳定。到第 30 个循环时,镁掺杂材料的 CO_2 吸附量(0.30 g_{CO_2}/g$_{吸附材料}$)和铝掺杂材料(0.27 g_{CO_2}/g$_{吸附材料}$)均明显高于原始钢渣源 4mol/L-1h-1g/20mL 材料。由此可见,钢渣源钙基 CO_2 吸附材料中杂质元素镁和铝的存在可强化材料对 CO_2 的循环吸附效果。

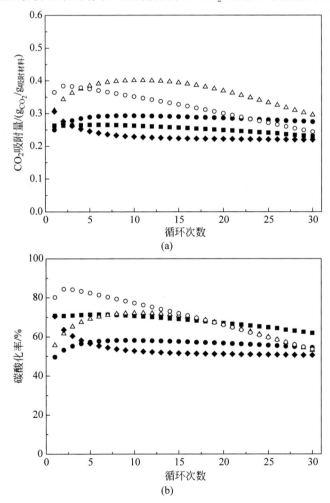

**图 5.8　钢渣源钙基 CO_2 吸附材料 4mol/L-1h-1g/20mL 及其掺杂不同杂质
元素所得材料的循环 CO_2 吸附性能**

(■) 原始;(△) 镁掺杂;(●) 铝掺杂;(○) 铁掺杂;(◆) 锰掺杂钢渣源 4mol/L-1h-1g/20mL 材料

表 5.4　钢渣源钙基 CO_2 吸附材料中各主要元素的氧化物
及其相应钙基物相的熔点和泰曼温度

氧化物	熔点/℃	泰曼温度[①]/℃
CaO	2572	1170
Al_2O_3	2054	891
MgO	2800	1276
Fe_2O_3	1565	783
MnO_2	535[②]	535[②]
SiO_2	1610	664
相应钙基物相	熔点/℃	泰曼温度[①]/℃
$CaCO_3$	825	533
$Ca_{12}Al_{14}O_{33}$	1465	725
未检出	无	无
$Ca_2Fe_2O_5$	1416	710
$CaMnO_3$	1715	857
Ca_2SiO_4	2130	929

① 泰曼温度($T_{Tammann}$)是指固相物质内部开始呈现明显扩散作用的温度,即烧结开始温度;
② 该物相在 535℃时开始分解。

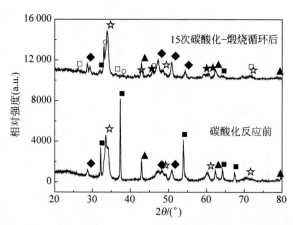

图 5.9　循环碳酸化-煅烧反应前后锰掺杂钢渣源 4mol/L-1h-1g/20mL 材料的
X 射线衍射谱图

检出物相为:(■)氧化钙,CaO;(◆)氢氧化钙,Ca(OH)₂;(▲)氧化镁,MgO;
(☆)锰酸钙,CaMnO₃;(○)锰酸二钙,Ca₂MnO₄;(★)锰酸三钙,Ca₃Mn₂O₇;
(□)锰酸四钙,Ca₄Mn₃O₁₀

5.3.2　高温钙循环操作条件对材料 CO_2 吸附性能的影响

本节研究中,选择 5.3.1 节中循环 CO_2 吸附性能表现优异的原始、镁掺杂和铝掺杂三种钢渣源 4mol/L-1h-1g/20mL 材料作为代表,探究高温钙循环操作条件对钢渣源钙基 CO_2 吸附材料 CO_2 吸附性能的影响。图 5.10 比较了这三种钢渣源 CO_2 吸附材料在不同 CO_2 浓度反应气氛中的循环 CO_2 吸附性能。可以看出,三种材料在吸附气氛为 100% CO_2 时的循环 CO_2 吸附量均明显高于其在吸附气氛为 15% CO_2 时的吸附量。其中,镁掺杂材料在不同 CO_2 浓度反应气氛中的循环 CO_2 吸附性能差异最显著,铝掺杂材料次之,原始钢渣源 4mol/L-1h-1g/20mL 材料(循环 CO_2 吸附性能)差异最小。当吸附阶段反应气氛中 CO_2 浓度为 15% 时,在 15 个碳酸化-煅烧循环过程中,原始、镁掺杂和铝掺杂三种钢渣源 4mol/L-1h-1g/20mL 材料的 CO_2 吸附量分别保持在 $0.22\sim0.25$ $g_{CO_2}/g_{吸附材料}$、$0.22\sim$ 0.23 $g_{CO_2}/g_{吸附材料}$ 和 $0.19\sim0.20$ $g_{CO_2}/g_{吸附材料}$,其循环 CO_2 吸附量均比较稳定,随反应循环次数的变化并不明显。同时,三种材料的循环 CO_2 吸附量也比较接近,其差距不及反应气氛中 CO_2 浓度为 100% 时那样显著。

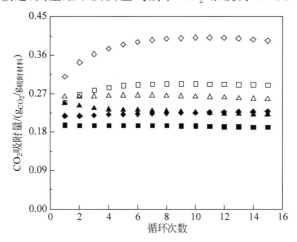

图 5.10　典型钢渣源钙基 CO_2 吸附材料在不同 CO_2 浓度反应气氛中的循环 CO_2 吸附性能

(▲) 钢渣源 4mol/L-1h-1g/20mL 材料;(■) 铝掺杂钢渣源 4mol/L-1h-1g/20mL 材料;(◆) 镁掺杂钢渣源 4mol/L-1h-1g/20mL 材料在 15% CO_2 + 85% N_2 气氛中;(△) 钢渣源 4mol/L-1h-1g/20mL 材料;(□) 铝掺杂钢渣源 4mol/L-1h-1g/20mL 材料;(◇) 镁掺杂钢渣源 4mol/L-1h-1g/20mL 材料在 100% CO_2 气氛中

由此可见,吸附阶段反应气氛中 CO_2 浓度对钢渣源 CO_2 吸附材料的 CO_2 吸附量有明显影响: CO_2 浓度越高,材料的 CO_2 吸附量越大。而在典型燃烧烟气 CO_2 浓度(约 15%)下,几种钢渣源钙基 CO_2 吸附材料的循环 CO_2 吸附性能相近,原始和镁掺杂钢渣源 4mol/L-1h-1g/20mL 材料的碳捕集性能稍好。

原始、镁掺杂和铝掺杂钢渣源 4mol/L-1h-1g/20mL 材料及商品化氧化钙在煅烧阶段反应气氛为 80% CO_2 + 20% O_2 时的循环碳酸化率如图 5.11 所示,以此探讨煅烧气氛对钢渣源 CO_2 吸附材料 CO_2 吸附性能的影响。原始和镁掺杂钢渣源 4mol/L-1h-1g/20mL 材料在第 1 个循环的碳酸化率均高于商品化氧化钙,说明钢渣源 CO_2 吸附材料具有较好的 CO_2 反应活性。与商品化氧化钙相同,原始、镁掺杂和铝掺杂三种钢渣源 4mol/L-1h-1g/20mL 材料的碳酸化率(CO_2 吸附量)均随反应循环次数的增加而快速下降,尤其在前 5 个碳酸化-煅烧循环中,材料的失活现象最为明显。反应发生 10 个循环后,几种材料的碳酸化率渐趋稳定;到第 20 个循环时,原始、铝掺杂和镁掺杂三种钢渣源 4mol/L-1h-1g/20mL 材料的碳酸化率分别为 19.7%,21.9% 和 27.0%。镁掺杂材料在第 20 个循环时的碳酸化率(27.0%)和 CO_2 吸附量(0.15 $g_{CO_2}/g_{吸附材料}$)均最高,表现出最佳的循环 CO_2 吸附性能。而商品化氧化钙的 CO_2 吸附循环稳定性最差,反应至第

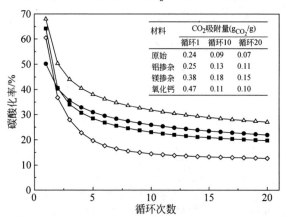

材料	CO_2吸附量(g_{CO_2}/g)		
	循环1	循环10	循环20
原始	0.24	0.09	0.07
铝掺杂	0.25	0.13	0.11
镁掺杂	0.38	0.18	0.15
氧化钙	0.47	0.11	0.10

图 5.11　典型钢渣源钙基 CO_2 吸附材料在 80% CO_2 + 20% O_2 煅烧气氛中的循环 CO_2 吸附性能

(■) 4mol/L-1h-1g/20mL;(△) 镁掺杂 4mol/L-1h-1g/20mL;(●) 铝掺杂 4mol/L-1h-1g/20mL;(◇) 商品化氧化钙

10 个循环时其碳酸化率已不足 15%。与图 5.10 中原始、镁掺杂和铝掺杂三种钢渣源 4mol/L-1h-1g/20mL 材料在氮气气氛中煅烧的情形相比,煅烧气氛为 80% CO_2＋20% O_2 时 3 种材料的 CO_2 吸附循环稳定性均显著下降,这表明高温钙循环煅烧阶段的反应气氛对钢渣源钙基 CO_2 吸附材料的循环 CO_2 吸附性能影响显著,煅烧气氛中 CO_2 浓度越高,其 CO_2 吸附循环稳定性下降越明显。这主要是由于煅烧气氛中 CO_2 浓度越高,材料的 CO_2 脱附起始温度(即碳酸钙物相的分解温度)也越高(图 3.14),从而使得材料经历更严苛的煅烧过程而加速烧结[140-141]。

　　原始、镁掺杂和铝掺杂钢渣源 4mol/L-1h-1g/20mL 材料及商品化氧化钙在严苛煅烧条件下(煅烧温度为 900℃且煅烧气氛为 80% CO_2＋20% O_2)的 CO_2 吸附动力学特征可以进一步通过其循环 CO_2 吸附-解吸曲线加以比较(图 5.12)。在第一个碳酸化-煅烧循环,三种钢渣源 4mol/L-1h-1g/20mL 材料和商品化氧化钙的碳酸化率(CO_2 吸附量)主要由其碳酸化反应动力学控制阶段贡献。而随着碳酸化-煅烧循环次数的增加,所有材料在产物层扩散控制阶段的碳酸化率对其(单个循环)总碳酸化率的贡献逐渐提高,到第 20 个循环时,其对材料在 CO_2 吸附阶段的总碳酸化率的贡献已超过 50%。从第 2 个碳酸化-煅烧循环起,三种钢渣源 4mol/L-1h-1g/20mL 材料在其吸附 CO_2 的反应动力学控制阶段的碳酸化率基本相当,相比商品

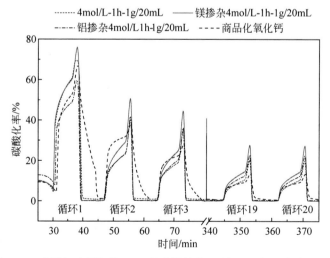

图 5.12　典型钢渣源钙基 CO_2 吸附材料在 15% CO_2 气氛中碳酸化和 80% CO_2＋20% O_2 气氛中煅烧的循环 CO_2 吸附-解吸曲线

化氧化钙反应动力学控制阶段的碳酸化率并无优势。然而,三种钢渣源 4mol/L-1h-1g/20mL 材料在其产物层扩散控制阶段却呈现出不同的碳酸化速率,但均明显快于商品化氧化钙。循环 CO_2 吸附性能最佳的镁掺杂材料也具有最快的产物层扩散控制阶段碳酸化速率。因此,钢渣源钙基 CO_2 吸附材料在产物层扩散控制阶段碳酸化反应速率的提高,是使得其循环 CO_2 吸附性能优于商品化氧化钙的主要原因。同时,在产物层扩散控制阶段的碳酸化速率也决定了钢渣源钙基 CO_2 吸附材料在严苛煅烧条件下的循环 CO_2 吸附性能。另外,值得注意的是,原始、镁掺杂和铝掺杂三种钢渣源 4mol/L-1h-1g/20mL 材料在煅烧阶段的 CO_2 脱附速率也明显快于商品化氧化钙。这表明钢渣源钙基 CO_2 吸附材料在煅烧(CO_2 脱附)阶段所需的停留时间更短,煅烧过程对材料的烧结效应可在一定程度上得以减弱。

5.3.3 燃烧烟气中微量酸性气体对材料 CO_2 吸附性能的影响

二氧化硫和氮氧化物(本研究中以二氧化氮为代表)是燃烧烟气中常见的酸性气体,本节将主要考察这两种微量组分在其典型烟气背景值范围内对钢渣源钙基 CO_2 吸附材料 CO_2 吸附性能的影响。

反应气氛中微量 NO_2 的存在对典型钢渣源钙基 CO_2 吸附材料 CO_2 循环吸附性能的影响情况如图 5.13 所示。可以看出,无论反应气氛中

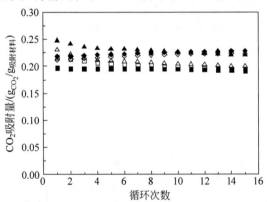

图 5.13　反应气氛中微量 NO_2 的存在对典型钢渣源钙基 CO_2 吸附材料 CO_2 循环吸附性能的影响

(▲) 钢渣源 4mol/L-1h-1g/20mL 材料;(■) 铝掺杂钢渣源 4mol/L-1h-1g/20mL 材料;(◆) 镁掺杂钢渣源 4mol/L-1h-1g/20mL 材料在 15% CO_2 气氛中;(△) 钢渣源 4mol/L-1h-1g/20mL 材料;(□) 铝掺杂钢渣源 4mol/L-1h-1g/20mL 材料;(◇) 镁掺杂钢渣源 4mol/L-1h-1g/20mL 材料在 15% CO_2 +201 mL/m³ NO_2 气氛中

NO_2 微量组分存在与否,原始、镁掺杂和铝掺杂三种钢渣源 4mol/L-1h-1g/20mL 材料均表现出良好的 CO_2 吸附循环稳定性。因此,燃烧烟气中微量氮氧化物的存在对钢渣源钙基 CO_2 吸附材料吸附 CO_2 的循环稳定性并无明显影响,对材料 CO_2 循环吸附量的影响却不尽相同。在反应气氛中有微量 NO_2 存在的情况下,原始钢渣源 4mol/L-1h-1g/20mL 材料的 CO_2 循环吸附量有所降低,从无 NO_2 存在时的 $0.22 \sim 0.25$ g_{CO_2}/g吸附材料 下降到微量 NO_2 存在时的 $0.20 \sim 0.23$ g_{CO_2}/g吸附材料,CO_2 循环吸附量的差距在三种钢渣源 CO_2 吸附材料中最大。而铝掺杂钢渣源 4mol/L-1h-1g/20mL 材料的 CO_2 循环吸附量在微量 NO_2 存在时略有升高,镁掺杂钢渣源 4mol/L-1h-1g/20mL 材料在有、无 NO_2 存在情况下的 CO_2 循环吸附量几乎始终保持一致。总体来说,燃烧烟气中微量氮氧化物的存在对钢渣源钙基 CO_2 吸附材料的 CO_2 循环吸附性能并无显著影响。

反应气氛中微量 SO_2 的存在对典型钢渣源钙基 CO_2 吸附材料 CO_2 循环吸附性能的影响情况如图 5.14 所示。与氮氧化物不同,反应气氛中微量 SO_2 的存在会对钢渣源钙基 CO_2 吸附材料的 CO_2 吸附量和循环稳定性均产生显著影响。原始、镁掺杂和铝掺杂三种钢渣源 4mol/L-1h-1g/20mL 材料在微量 SO_2 存在时的 CO_2 吸附量比较接近且呈现出相同的变化规律,即随着反应循环次数的增加而迅速下降。仅经历 5 个碳酸化-煅烧循环,三种材料的 CO_2 吸附量均已衰减近 50%;到第 15 个循环时,三种材料的 CO_2 吸附量已降低至不足 0.05 g_{CO_2}/g吸附材料,基本丧失 CO_2 吸附能力。这是由于在 CO_2 和 SO_2 共同存在的情况下,氧化钙会同时发生碳酸化和硫酸化两个竞争性反应。研究表明[142],氧化钙与 SO_2 之间的硫酸化反应有两种反应途径,间接硫酸化反应(5-2)和直接硫酸化反应(5-3):

$$CaO + SO_2 + 1/2O_2 \longrightarrow CaSO_4 \tag{5-2}$$

$$CaCO_3 + SO_2 + 1/2O_2 \longrightarrow CaSO_4 + CO_2 \tag{5-3}$$

硫酸钙($CaSO_4$)物相在常压下的分解温度在 1200℃ 以上,故在高温钙循环的操作温度区间($650 \sim 950$℃)内,反应(5-2)和反应(5-3)均不可逆[143-144]。因此,原始、镁掺杂和铝掺杂三种钢渣源 4mol/L-1h-1g/20mL 材料中可与 CO_2 发生碳酸化反应的氧化钙物相将随着材料中硫酸化反应的发生而不断减少。与此同时,新形成的硫酸钙物相不断覆盖在材料(氧化钙)颗粒表面或填充在材料颗粒孔隙中,从而进一步阻碍氧化钙物相与 CO_2 间碳酸化反应的发生,故而造成三种钢渣源钙基 CO_2 吸附材料的 CO_2 循环吸附性能迅速下降。

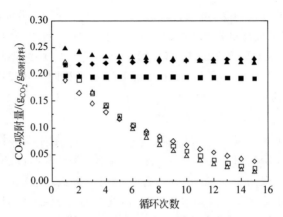

图 5.14 反应气氛中微量 SO_2 的存在对典型钢渣源钙基 CO_2 吸附材料 CO_2 循环吸附性能的影响

（▲）钢渣源 4mol/L-1h-1g/20mL 材料；（■）铝掺杂钢渣源 4mol/L-1h-1g/20mL 材料；（◆）镁掺杂钢渣源 4mol/L-1h-1g/20mL 材料在 15% CO_2 气氛中；（△）钢渣源 4mol/L-1h-1g/20mL 材料；（□）铝掺杂钢渣源 4mol/L-1h-1g/20mL 材料；（◇）镁掺杂钢渣源 4mol/L-1h-1g/20mL 材料在 15% CO_2+96 mL/m³ SO_2 气氛中

5.4 钢渣源钙基 CO_2 吸附材料高温钙循环捕集 CO_2 的稳定化机理

5.4.1 MgO 对钢渣源钙基 CO_2 吸附材料循环吸附 CO_2 的稳定化机理

前述研究表明,镁掺杂钢渣源钙基 CO_2 吸附材料具有优异的循环 CO_2 吸附性能,而镁元素以 MgO 物相的形式在钢渣源钙基 CO_2 吸附材料中与 CaO 物相共存,也使得材料对 CO_2 的吸附表现出较好的循环稳定性。为此,本节将就 MgO 物相对钢渣源钙基碳吸附材料循环吸附 CO_2 的稳定化机理进行探讨。图 5.15 比较了恒温和变温循环碳酸化-煅烧两种模式下,掺杂镁元素的钢渣源 4mol/L-1h-1g/20mL 材料的循环 CO_2 吸附性能。作为一种难熔(熔点为 2800℃)且耐热耐火(泰曼温度为 1276℃)物相(表 5.4),MgO 掺杂在钢渣源钙基 CO_2 吸附材料基体中,可对氧化钙晶粒造成一定的物理性阻隔,这种 CO_2 惰性的空间阻隔体可以有效抑制材料在循环碳酸化-煅烧过程中氧化钙晶粒的烧结团聚,从而保证钢渣源钙基 CO_2 吸附材料良好的抗烧结稳定性[145]。因此在图 5.15 中,掺杂镁元素的两种钢渣源 CO_2 吸附材料在恒温循环碳酸化-煅烧过程中的 CO_2 吸附量几乎保持不变。然而在变温循环碳酸化-煅烧过程中,两种掺杂镁元素的钢渣源钙基 CO_2 吸附材料的 CO_2 吸附量均随循环次数的增加而逐渐提高;并且材料中镁元素含量越高,其 CO_2 吸附量随反应循环的提高幅度越显著。镁掺杂钢渣源 CO_2 吸附材料在恒温和变温两种模式下呈现出的这一不同的循环 CO_2 吸附特征主要是由材料中各物相在变温过程中热膨胀效应的差异造成的。如表 5.5 所示,MgO 物相在高温钙循环的操作温度区间内的热膨胀系数明显高于 $CaCO_3$ 物相,因此在材料经历从碳酸化阶段到煅烧阶段的升温过程中,MgO 的热膨胀效应也大于 $CaCO_3$,从而在一定程度上扩充 MgO 晶粒周围的 $CaCO_3$ 晶粒间的空隙;当 $CaCO_3$ 分解释放 CO_2 后,MgO 的弹性模量又显著高于 CaO 物相,从而使得材料在升温过程中由 MgO 晶粒的热膨胀效应创造出的空隙得以保持。于是,在每一个碳酸化-煅烧循环的升温过程中,镁掺杂钢渣源 CO_2 吸附材料的孔隙性能可以因 MgO 物相变温热膨胀的体积效应得到改善,从而有助于材料在下一个碳酸化-煅烧循环对 CO_2 的吸附。因此,除作为耐烧结惰性空间阻隔体外,镁元素(以 MgO 物相形式存在)还可作为有效的孔隙膨胀体,从而达到对钢渣源钙基 CO_2 吸附材料吸附 CO_2 的双重稳定化效应。

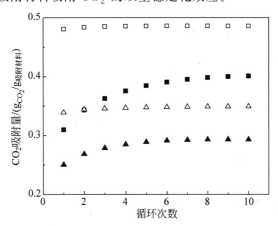

图 5.15 钢渣源钙基 CO_2 吸附材料在变温循环碳酸化(700℃)-煅烧(900℃)工况下的 CO_2 吸附性能对比

铝掺杂 4mol/L-1h-1g/20mL(△)和镁掺杂 4mol/L-1h-1g/20mL(□)在恒温(750℃)循环碳酸化-煅烧及铝掺杂 4mol/L-1h-1g/20mL(▲)和镁掺杂 4mol/L-1h-1g/20mL(■)

表 5.5　物相的热膨胀系数和弹性模量

温度 /K	热膨胀系数/$(10^{-6}\ K^{-1})$				弹性模量 /GPa	
	线性		体积			
	$MgO^{[146]}$	$CaCO_3^{[147]}$	$MgO^{[148]}$	$CaO^{[148]}$	$MgO^{[149]}$	$CaO^{[149]}$
900	15.2	6.5	43.8	40.8	143.6~145.7	98.1~98.4
1000	15.7	≤7.0	44.7	41.4	140.6~143.0	96.0~96.4
1100	15.9	无	45.6	42.0	137.6~140.4	94.0~94.4
1200	16.2	无	46.5	42.6	134.6~137.7	91.9~92.3

　　MgO 物相对钢渣源钙基CO_2吸附材料吸附CO_2的稳定化效应可以进一步通过其在循环碳酸化-煅烧反应前后的高分辨扫描电子显微成像图进行考察(图 5.16)。可以看出,尽管三种材料在循环碳酸化-煅烧反应前均呈现出相对规则的表面形貌,但镁掺杂和铝掺杂(含镁)钢渣源 4mol/L-1h-1g/20mL 材料的表面形貌相比商品化氧化钙更加疏松多孔,且基本由呈球状的亚微米颗粒组成。然而在 30 个碳酸化-煅烧循环之后,所有材料的表面形貌均与反应前大不相同,表现出不同程度的烧结。但是,反应后的镁掺杂材料的烧结程度明显更弱,并且呈现出更均一、规则的由纳米尺寸小颗粒团聚而成的笼状表面形貌,这也证明了 MgO 物相对钢渣源钙基CO_2吸附材料CO_2循环吸附性能的稳定化效应。

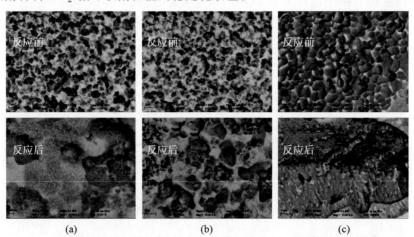

| (a) | (b) | (c) |

图 5.16　循环碳酸化-煅烧反应前后的高分辨扫描电子显微成像图(HR-SEM)
(a) 反应前后的镁掺杂钢渣源 4mol/L-1h-1g/20mL 材料；(b) 反应前后的铝掺杂钢渣源 4mol/L-1h-1g/20mL 材料(镁和铝共存)；(c) 商品化氧化钙

5.4.2　醋酸盐对钢渣源钙基 CO_2 吸附材料孔隙结构的模板效应

图 5.17 所示为钢渣源钙基 CO_2 吸附材料 1mol/L-2h-1g/10mL 在高温煅烧时表面形貌的形成过程,及其与商品化氧化钙在循环碳酸化-煅烧反应前后的表面形貌的对比。可以看出,经 105℃ 烘干后的新鲜钢渣源 1mol/L-2h-1g/10mL 材料呈现出结构比较致密的块状表面形貌,在致密大块的表面伴有一些细小的棒状颗粒附着;当材料被加热到 600℃ 时,丙酮分子随着醋酸盐(以醋酸钙为主)的分解而释放,使得材料的表面形貌呈薄片状且疏松多孔;当煅烧温度升高至 900℃ 时,材料中由醋酸钙分解形成的碳酸钙物相也分解完全,从而使得材料经高温煅烧后形成由形状规则且轮廓清晰的纳米级氧化钙颗粒所组成的蓬松结构。由此,醋酸盐在高温煅烧(分解)过程中对钢渣源钙基 CO_2 吸附材料的模板效应得以体现。而在经历循环碳酸化-煅烧反应后,商品化氧化钙几乎完全失去其原有相对规则的空间结构,变为粗糙而致密的烧结体,这也解释了商品化氧化钙在前述研究中表现出较差的 CO_2 吸附循环稳定性。相比之下,钢渣源 1mol/L-2h-1g/10mL 材料在循环碳酸化-煅烧反应后,虽然空间结构也烧结显著,但原有表面形貌仍有所保持,这有助于材料 CO_2 吸附循环稳定性的维持。因此,

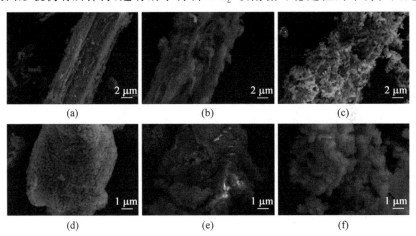

图 5.17　钢渣源钙基 CO_2 吸附材料 1mol/L-2h-1g/10mL 的表面形貌在合成过程和循环碳酸化-煅烧反应前后的变化

(a) 105℃ 烘干后的 1mol/L-2h-1g/10mL 材料;(b) 加热到 600℃ 的 1mol/L-2h-1g/10mL 材料;(c) 加热至 900℃ 的 1mol/L-2h-1g/10mL 材料;(d) 循环碳酸化-煅烧反应前的商品氧化钙;(e) 循环碳酸化-煅烧反应后的商品化氧化钙;(f) 循环碳酸化-煅烧反应后的 1mol/L-2h-1g/10mL 材料

醋酸盐在钢渣源钙基 CO_2 吸附材料形成过程中对其孔隙结构的模板效应是材料抗烧结稳定性提高的另一原因。

5.5　钢渣源 CO_2 吸附材料应用于钢铁行业碳捕集的技术经济分析

5.5.1　基于钢渣中钙、铁元素回收利用的高效 CO_2 捕集过程构建

综合第 4 章对钢渣中钙、铁元素的回收及第 5 章利用钢渣制备钙基 CO_2 吸附材料所取得的研究成果,本研究提出了一种适用于钢铁行业的高效 CO_2 捕集过程。该过程可将钢渣钙、铁元素回收和高温钙循环 CO_2 捕集整合进钢铁生产过程,以同步实现钢渣资源化和钢铁行业 CO_2 减排。

对该 CO_2 捕集过程的具体描述如图 5.18 所示。首先,利用酸浸取技术在低酸/钢渣投加比条件下实现钢渣中钙和铁元素的有效分离,钙元素以 Ca^{2+} 的形式在钢渣浸出液中富集,铁元素则基本留在酸浸取后的残渣中。随后,残渣中的铁元素可以通过磁选以磁铁矿(Fe_3O_4)或镁铁矿($MgFe_2O_4$)的形式加以回收,所回收的富铁矿物可以直接回用到炼铁高

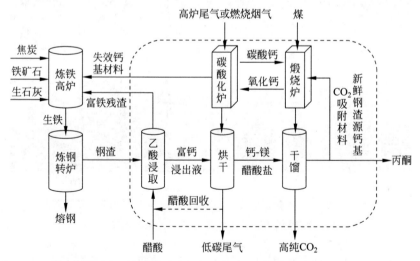

图 5.18　基于钢渣中钙、铁元素回收与高温余热利用的钢铁行业 CO_2 捕集工艺过程

炉,替代部分天然铁矿石用于炼铁。由于钢渣中的铁元素在酸浸取过程中得到有效活化,其铁元素回收率和铁品位均可得到大幅提高。由富钙钢渣浸出液中钙、镁醋酸盐协同沉淀而得到的新鲜钢渣源钙基 CO_2 吸附材料经干馏后被输送至高温钙循环单元,用于钢铁厂高炉尾气或其他燃烧烟气中 CO_2 的捕集。而在新鲜钢渣源钙基 CO_2 吸附材料干馏阶段释放的丙酮可以作为高值副产物加以回收。最后,在高温钙循环单元失效的钢渣源钙基 CO_2 吸附材料因其含有较高的氧化钙物相(约 90%),同样可以直接回用于炼铁高炉,从而作为炼铁熔剂替代部分天然石灰石。该 CO_2 捕集工艺过程可以通过废物资源回用、高值副产品回收和高温余热利用等途径最大限度地提高能量效率并降低运行成本,对于钢铁行业的 CO_2 捕集具有良好的应用前景。

5.5.2　钢渣源 CO_2 吸附材料在实际高温钙循环条件下的 CO_2 捕集效果

几种钢渣源钙基 CO_2 吸附材料在实际高温钙循环条件下的 CO_2 吸附性能如图 5.19 所示。在第一个碳酸化-煅烧循环,商品化氧化钙的 CO_2 吸附量($0.27\ g_{CO_2}/g_{吸附材料}$)略高于(相同)低醋酸/钢渣投加比条件下制备的几种钢渣源钙基 CO_2 吸附材料 1mol/L-0.5h-1g/10mL,1mol/L-2h-1g/10mL,2mol/L-0.5h-1g/5mL 和 2mol/L-2h-1g/5mL。然而在高醋酸/钢渣投加比条件下制备的钢渣源钙基 CO_2 吸附材料 3mol/L-2h-1g/10mL 和 5mol/L-2h-1g/10mL 在第一个碳酸化-煅烧循环的 CO_2 吸附量较低,分别仅有 $0.16\ g_{CO_2}/g_{吸附材料}$ 和 $0.14\ g_{CO_2}/g_{吸附材料}$。商品化氧化钙的 CO_2 吸附量在前 5 个循环急剧下降,直至第 10 个循环才开始稳定下来,此时材料的 CO_2 吸附量已降至 $0.07\ g_{CO_2}/g_{吸附材料}$。而所有的钢渣源钙基 CO_2 吸附材料呈现出两种类型的 CO_2 循环吸附特征。钢渣源 3mol/L-2h-1g/10mL 和 5mol/L-2h-1g/10mL 材料呈现出与商品化氧化钙相似的 CO_2 循环吸附特征,即 CO_2 吸附量在前几个循环急剧下降,随后逐渐稳定下来。然而,钢渣源 1mol/L-0.5h-1g/10mL,1mol/L-2h-1g/10mL,2mol/L-0.5h-1g/5mL 和 2mol/L-2h-1g/5mL 材料对 CO_2 的吸附性能却与 3mol/L-2h-1g/10mL 和 5mol/L-2h-1g/10mL 材料大不相同,它们对 CO_2 的吸附仅在前 2 个循环出现较大幅度的下降;从第 3 个循环开始,材料的 CO_2 吸附量便随反应循环次数的增加以极为缓慢的速度线性下降。正因如此,钢渣源 1mol/L-0.5h-1g/10mL,1mol/L-2h-1g/10mL,2mol/L-0.5h-1g/5mL 和 2mol/L-

2h-1g/5mL 材料的 CO_2 吸附量从第 4 个循环开始便已超越商品化氧化钙；并且到第 20 个循环时，钢渣源 1mol/L-2h-1g/10mL 材料的 CO_2 吸附量已达到商品化氧化钙的近 2 倍，这也与图 5.17 中两种材料在循环碳酸化-煅烧反应后表面形貌的巨大差异相吻合。因此，四种在（相同）低醋酸/钢渣投加比条件下制备的钢渣源钙基 CO_2 吸附材料 1mol/L-0.5h-1g/10mL，1mol/L-2h-1g/10mL，2mol/L-0.5h-1g/5mL 和 2mol/L-2h-1g/5mL 相比商品化氧化钙所展现出的更优异的 CO_2 吸附反应活性和循环稳定性表明其可更高效地应用于高温钙循环 CO_2 捕集过程。

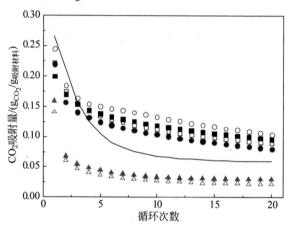

图 5.19　几种钢渣源钙基 CO_2 吸附材料在实际高温钙循环条件下的 CO_2 吸附性能

5.5.3　钢渣源钙基 CO_2 吸附材料相对天然石灰石的经济成本分析

需要指出的是，当应用于钢铁行业 CO_2 捕集时，高温钙循环技术相比目前任何其他燃烧后 CO_2 捕集技术的一大先天优势在于，失效氧化钙可以直接作为熔剂回用于高炉炼铁，这可以避免传统钢铁生产过程中由天然石灰石煅烧所造成的 CO_2 排放。

高温钙循环 CO_2 捕集技术在实际应用过程中的运行成本会受到一系列操作参数的影响。MacKenzie 等[150]通过对影响高温钙循环 CO_2 捕集成本的 8 个关键操作参数的敏感性分析指出，在相同的材料内循环率

（R——高温钙循环过程中钙基吸附材料与烟气中 CO_2 的物质的量比）和材料补充率（f_p——新鲜钙基吸附材料向高温钙循环系统中的补充率）下，钙基 CO_2 吸附材料的成本及其失活速率（CO_2 吸附循环稳定性）是对高温钙循环 CO_2 捕集成本影响最大的两个操作参数。在 5.5.2 节中，钢渣源 1mol/L-0.5h-1g/10mL，1mol/L-2h-1g/10mL，2mol/L-0.5h-1g/5mL 和 2mol/L-2h-1g/5mL 材料相比于商品化氧化钙所表现出的优异的 CO_2 吸附反应活性和循环稳定性已得到证实。于是，本节将基于简单物质流分析初步考察这四种钢渣源 CO_2 吸附材料的成本，并将其与天然石灰石煅烧而得的氧化钙进行比较（表 5.6）。

表 5.6　基于简单物质流的钢渣源钙基 CO_2 吸附材料生产成本分析

材　　料	原材料消耗量[①] /(t/t吸附材料)		副产品回收量[①] /(t/t吸附材料)			材料成本 /(元/t)
	醋酸	石灰石	氧化钙	铁矿石	丙酮	
1mol/L-0.5h-1g/10mL	2.50	0	0.91	0.05	0.94	447.8
1mol/L-2h-1g/10mL	2.50	0	0.90	0.06	0.93	482.7
2mol/L-0.5h-1g/5mL	2.86	0	0.90	0.06	0.93	1130.7
2mol/L-2h-1g/5mL	2.73	0	0.89	0.07	0.92	931.6
石灰石煅烧氧化钙	0	1.98	0	0	0	792.0

① 所涉及物质的价格根据其在中国市场 2013—2015 年间的平均商品售价确定：醋酸（≥99.8%）为 1800 元/t，天然石灰石（约 90%）为 400 元/t，铁矿石（约 62%）为 800 元/t，丙酮（≥99.5%）为 3500 元/t，氧化钙的价格则由天然石灰石价格折算。

对于传统钙基 CO_2 吸附材料，天然石灰石是其主要的生产原料；而对于钢渣源钙基 CO_2 吸附材料，钢渣和醋酸是其主要的生产原料。考虑到钢渣是一种在钢铁厂内廉价易得的工业固废，醋酸便成为生产原料成本的主要来源。从表 5.6 中可以看出，在本研究的实际操作条件下，生产 1 g 钢渣源 1mol/L-0.5h-1g/10mL 和 1mol/L-2h-1g/10mL 材料约消耗 2.5 g 醋酸，这已接近 2.1 g醋酸/g氧化钙 的理论最低醋酸消耗量。与石灰石煅烧氧化钙相比，尽管制备钢渣源 1mol/L-0.5h-1g/10mL，1mol/L-2h-1g/10mL，2mol/L-0.5h-1g/5mL 和 2mol/L-2h-1g/5mL 材料需要支付更高的原材料开支，但由于高纯氧化钙、富铁矿物和丙酮等副产品回收的有效弥补，使得这些钢渣源 CO_2 吸附材料的实际净成本显著降低。其中，钢渣源 1mol/L-0.5h-1g/10mL 和 1mol/L-2h-1g/10mL 材料的成本分别低至 447.8 元/t

和 482.7 元/t,比石灰石煅烧氧化钙的成本(792 元/t)降低近 1/2。

考虑到钢渣源 1mol/L-0.5h-1g/10mL,1mol/L-2h-1g/10mL,2mol/L-0.5h-1g/5mL 和 2mol/L-2h-1g/5mL 材料(相比商品化氧化钙)优异的 CO_2 吸附性能,材料成本在一定范围内有所增加是可以接受的,而其最大增加幅度主要取决于材料的 CO_2 吸附性能。Romeo 等[151]在详细研究了不同高温钙循环操作条件下,钙基材料每个循环的平均 CO_2 吸附量相比石灰石煅烧氧化钙的提高幅度与其最大可接受成本投入的关系后,提出了一套行之有效的标准来评价不同类型的钙基 CO_2 吸附材料应用于高温钙循环 CO_2 捕集的成本可行性。因此,本研究将采用此标准对所开发的钢渣源钙基 CO_2 吸附材料的最大可接受成本进行分析(表 5.7)。需要指出的是,在计算过程中通过 2009 年欧元对人民币的汇率(1∶9.527)和 2009—2015 年人民币的累积通货膨胀率/中国市场 CPI 增长率(1.1854)将 2009 年的欧元成本换算为 2015 年的人民币成本。

表 5.7　不同高温钙循环操作条件下钢渣源钙基 CO_2 吸附材料的最大可接受成本

材料	性能提高率[①]/%	材料的最大可接受成本/(元/t)					
		$R=1.5$[②]		$R=3$		$R=5$	
		$f_p=1\%$[③]	$f_p=2.5\%$	$f_p=1\%$	$f_p=2.5\%$	$f_p=1\%$	$f_p=2.5\%$
1mol/L-0.5h-1g/10mL	3.8	909.6	849.1	874.4	851.2	865.0	845.6
1mol/L-2h-1g/10mL	7.6	1027.2	906.2	956.8	910.4	937.9	899.3
2mol/L-0.5h-1g/5mL	5.9	974.6	880.6	919.9	884.0	905.3	875.3
2mol/L-2h-1g/5mL	5.4	959.1	873.1	909.1	876.2	895.7	868.2

① 图 5.19 中钢渣源 CO_2 吸附材料与商品化氧化钙在 20 个碳酸化-煅烧循环内的平均碳酸化率之差;
② 高温钙循环过程中钙基吸附材料与烟气中 CO_2 的物质的量比;
③ 新鲜钙基吸附材料向高温钙循环系统中的补充率。

从表 5.7 中可以看出,当高温钙循环 CO_2 捕集在更高的材料内循环率 (R) 和材料补充率 (f_p) 下运行时,钢渣源 CO_2 吸附材料的最大可接受成本越低,即对材料成本的经济性要求越高。这是由于在高材料内循环率和材料补充率下,系统对新鲜钢渣源 CO_2 吸附材料的消耗量也随之增大。在表 5.7 中的所有操作条件下,钢渣源 1mol/L-0.5h-1g/10mL 和 1mol/L-2h-1g/10mL 材料相比石灰石煅烧氧化钙表现出了更大的成本优势,而 2mol/L-2h-1g/5mL 材料在低材料内循环率和材料补充率下也变得与石灰石煅烧氧化钙具有成本可比性。由此,钢渣源钙基 CO_2 吸附材料相比石灰石煅烧氧化钙的经济性得以验证。

5.6　小　　结

本章以将钢渣制备成高效钙基 CO_2 吸附材料并将其应用于钢铁行业 CO_2 捕集为目标,采用醋酸盐协同沉淀法合成了钢渣源钙基 CO_2 吸附材料,研究了材料在高温钙循环模式下捕集 CO_2 的影响因素,分析了钢渣源钙基 CO_2 吸附材料基于高温钙循环捕集 CO_2 的稳定化机理,最后开展了钢渣源钙基 CO_2 吸附材料应用于钢铁行业 CO_2 捕集的初步技术经济分析。取得的主要结论如下:

(1) 低醋酸/钢渣投加比($3\,g_{醋酸}:5\,g_{钢渣}$)下制备的钢渣源钙基 CO_2 吸附材料相比商品化 CaO 表现出更优异的 CO_2 循环吸附性能,其饱和 CO_2 吸附量可达 $0.62\,g_{CO_2}/g_{吸附材料}$,是商品化 CaO 的 1.5 倍;材料在实际高温钙循环条件下的 CO_2 吸附量最大可达商品化 CaO 的近 2 倍,CO_2 吸附循环稳定性也比商品化 CaO 显著提高,钢渣源钙基 CO_2 吸附材料可更高效地应用于高温钙循环 CO_2 捕集过程。

(2) 在钢渣源钙基 CO_2 吸附材料中,杂质元素 Fe 将在材料中形成易烧结 $Ca_2Fe_2O_5$ 物相,削弱材料的 CO_2 吸附循环稳定性;杂质元素 Mn 将在材料中形成 RP 相 $(CaO)\cdot(CaMnO_3)_n$,降低材料中可吸附 CO_2 的活性 CaO 含量;杂质元素 Mg 在材料中以独立物相 MgO 的形式存在,可改善材料的 CO_2 吸附性能;杂质元素 Al 将在材料中形成 $Ca_{12}Al_{14}O_{33}$ 物相,可提高材料的 CO_2 吸附循环稳定性。

(3) 燃烧烟气中微量 NO_x 的存在对钢渣源钙基 CO_2 吸附材料的 CO_2 吸附量和循环稳定性均无显著影响,而微量 SO_2 的存在可通过直接硫酸化反应和间接硫酸化反应使得材料的 CO_2 吸附量随循环次数的增加而迅速下降,在高温钙循环 CO_2 捕集前需要首先从燃烧烟气中去除 SO_2。

(4) 醋酸盐在钢渣源钙基 CO_2 吸附材料(高温煅烧)形成过程中对其孔隙结构的模板效应,以及材料中 MgO 物相的高熔点和变温热膨胀体积效应是使得其抗烧结稳定性显著优于商品化 CaO 的主要原因。

第6章　基于钢渣源钙-铁双功能材料的新型自热式 CO_2 捕集过程

6.1　基于钢铁行业物质回用与能量回收的新型 CO_2 捕集方法构建

高温钙循环(CaL)是一类典型的高温固体循环化学过程,包括钢渣源 CO_2 吸附材料在内的所有钙基 CO_2 吸附材料在实际应用于高温钙循环 CO_2 捕集过程时,除了会面临材料高温烧结失活的问题(第 5 章已有讨论),还会受到高温热传递效率的限制。在传统高温钙循环 CO_2 捕集过程的煅烧阶段,通常采用煤等化石燃料的过氧燃烧技术提供 $CaCO_3$ 分解(CaO 再生)所需要的热量。然而,这种以气体为媒介的传热过程效率较低,一般只能达到 $30\%\sim40\%$[152]。更为不利的是,煤燃烧所释放的二氧化硫、氮氧化物、灰分和重金属等污染物不但会混入 CO_2 浓缩气造成设备腐蚀[153],还会进入再生的钙基 CO_2 吸附材料中使其中毒失活[121, 154]。

为提高高温钙循环 CO_2 捕集过程的能量效率,同时避免化石燃料燃烧所造成的不利影响,本研究创新性地提出了基于化学链燃烧技术耦合高温钙循环技术的新型自热式 CO_2 捕集过程(图 6.1),其最大特点在于,利用过渡金属氧化物的化学链燃烧替代化石燃料燃烧而为高温钙循环过程提供能量。如图 6.1 所示,该新型 CO_2 循环捕集过程在运行中与传统高温钙循环过程相似,通过两阶段反应将高温钙循环技术与化学链燃烧技术耦合:在第一个反应阶段的燃烧烟气和燃料气混合气氛中,氧化钙的碳酸化反应(CO_2 吸附)和过渡金属氧化物的还原反应(脱氧)将同时进行;而在第二个反应阶段的氧气气氛中,还原态过渡金属氧化物的氧化放热反应(载氧)将驱动碳酸钙吸热分解反应(CO_2 脱附)的发生。由此,在两个阶段的循环交替过程中实现燃烧烟气中 CO_2 的高效分离。

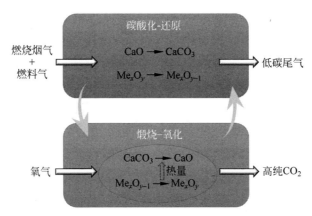

图 6.1　基于高温钙循环耦合化学链燃烧的新型自热式 CO_2 捕集过程

表 6.1 比较了几种常用于化学链燃烧过程的过渡金属氧化物的氧化和还原反应焓变,以从能量角度进一步分析将过渡金属氧化物的氧化-还原循环与氧化钙的碳酸化-煅烧循环相耦合的可行性。在几种过渡金属氧化物的还原阶段,除 Fe_3O_4/FeO 组合外,其他每个氧化-还原组合中的氧化物被 H_2 和 CO 还原的反应焓均十分接近,且明显高于其被 CH_4 还原的反应焓。无论使用何种燃料(H_2,CO 或 CH_4),铜基氧化物还原反应所释放的热量均大于锰基和铁基氧化物,其中 CuO 被 H_2 还原为 Cu 的反应放热最多,达到 1.62 kJ/g。相比之下,锰基氧化物还原反应释放的热量总体较低,铁基氧化物的还原反应热则几乎可忽略不计。当铁基氧化物被 CH_4 还原时,反应甚至呈现吸热性。因此,对于常见过渡金属氧化物化学链燃烧过程的还原阶段,铜基氧化物的还原放热效应与碳酸钙分解反应所需热量(3.18 kJ/g_{CaO})最为接近,对于向碳酸钙分解反应提供所需热量而言,具有一定的可利用性[155]。然而,除 Mn_2O_3/Mn_3O_4 组合外,其他每个氧化-还原组合在其氧化阶段的放热效应均显著高于其还原阶段。其中,CuO/Cu 和 Fe_2O_3/FeO 组合在其氧化阶段的放热量可分别高达 2.43 kJ/g 和 1.95 kJ/g。因此,从能量利用的角度看,化学链燃烧的氧化阶段相比其还原阶段更易于与碳酸钙的煅烧阶段实现热整合,并且 Cu 生成 CuO 和 FeO 生成 Fe_2O_3 这两个氧化反应的应用潜力最大。

表 6.1　298K 时以几种常见过渡金属氧化物为载氧体的化学链燃烧反应焓变①

氧化-还原组合	还原阶段 化学反应	反应焓②/(kJ/g)	氧化阶段 化学反应	反应焓/(kJ/g)
CuO/Cu	$4CuO+CH_4 \longrightarrow 4Cu+CO_2+2H_2O$	−0.83	$2Cu+O_2 \longrightarrow 2CuO$	−2.43
	$CuO+CO \longrightarrow Cu+CO_2$	−1.59		
	$CuO+H_2 \longrightarrow Cu+H_2O$	−1.62		
CuO/Cu_2O	$8CuO+CH_4 \longrightarrow 4Cu_2O+CO_2+2H_2O$	−0.51	$2Cu_2O+O_2 \longrightarrow 4CuO$	−0.98
	$2CuO+CO \longrightarrow Cu_2O+CO_2$	−0.88		
	$2CuO+H_2 \longrightarrow Cu_2O+H_2O$	−0.90		
Cu_2O/Cu	$4Cu_2O+CH_4 \longrightarrow 8Cu+CO_2+2H_2O$	−0.36	$4Cu+O_2 \longrightarrow 2Cu_2O$	−1.33
	$Cu_2O+CO \longrightarrow 2Cu+CO_2$	−0.78		
	$Cu_2O+H_2 \longrightarrow 2Cu+H_2O$	−0.80		
Mn_2O_3/Mn_3O_4	$12Mn_2O_3+CH_4 \longrightarrow 8Mn_3O_4+CO_2+2H_2O$	−0.26	$4Mn_3O_4+O_2 \longrightarrow 6Mn_2O_3$	−0.21
	$3Mn_2O_3+CO \longrightarrow 2Mn_3O_4+CO_2$	−0.39		
	$3Mn_2O_3+H_2 \longrightarrow 2Mn_3O_4+H_2O$	−0.40		
Mn_2O_3/MnO	$4Mn_2O_3+CH_4 \longrightarrow 8MnO+CO_2+2H_2O$	−0.22	$4MnO+O_2 \longrightarrow 2Mn_2O_3$	−1.32
	$Mn_2O_3+CO \longrightarrow 2MnO+CO_2$	−0.61		
	$Mn_2O_3+H_2 \longrightarrow 2MnO+H_2O$	−0.62		
Mn_3O_4/MnO	$4Mn_3O_4+CH_4 \longrightarrow 12MnO+CO_2+2H_2O$	+0.04	$6MnO+O_2 \longrightarrow 2Mn_3O_4$	−1.09
	$Mn_3O_4+CO \longrightarrow 3MnO+CO_2$	−0.22		
	$Mn_3O_4+H_2 \longrightarrow 3MnO+H_2O$	−0.24		

续表

氧化-还原组合	还原阶段		氧化阶段	
Fe_2O_3/Fe_3O_4	$12Fe_2O_3 + CH_4 \longrightarrow 8Fe_3O_4 + CO_2 + 2H_2O$	+0.04	$4Fe_3O_4 + O_2 \longrightarrow 6Fe_2O_3$	−0.52
	$3Fe_2O_3 + CO \longrightarrow 2Fe_3O_4 + CO_2$	−0.09		
	$3Fe_2O_3 + H_2 \longrightarrow 2Fe_3O_4 + H_2O$	−0.10		
Fe_2O_3/FeO	$4Fe_2O_3 + CH_4 \longrightarrow 8FeO + CO_2 + 2H_2O$	+0.37	$4FeO + O_2 \longrightarrow 2Fe_2O_3$	−1.95
	$Fe_2O_3 + CO \longrightarrow 2FeO + CO_2$	−0.01		
	$Fe_2O_3 + H_2 \longrightarrow 2FeO + H_2O$	−0.03		
Fe_3O_4/FeO	$4Fe_3O_4 + CH_4 \longrightarrow 12FeO + CO_2 + 2H_2O$	+0.34	$6FeO + O_2 \longrightarrow 2Fe_3O_4$	−1.40
	$Fe_3O_4 + CO \longrightarrow 3FeO + CO_2$	+0.08		
	$Fe_3O_4 + H_2 \longrightarrow 3FeO + H_2O$	+0.07		

注：① 表中计算所涉及的物相焓值查自文献[156]；
② 还原阶段反应焓（Qs）按照以下公式计算得到：$Qs = \Delta H_{298K}/(n \cdot M)$，其中，$\Delta H$ 为根据表中相应化学反应方程式（298K）计算得到的反应焓变，n 为反应物中金属氧化物或金属在化学反应方程式中的配平系数，M 为反应物中金属氧化物或金属中金属的摩尔质量。

5.5节已构建基于钢渣中钙、铁元素回收利用的高效 CO_2 捕集过程，以同步实现钢渣资源化和钢铁行业 CO_2 减排。在此基础上，考虑将其与本章提出的新型高温钙循环耦合化学链燃烧自热式 CO_2 捕集过程（以下简称 CaL 耦合 CLC 过程）整合，以进一步对高炉尾气的剩余热值（CO 和 H_2 所携带的能量）加以利用，同时优化高温钙循环 CO_2 捕集系统的运行效率。为此，本研究提出了基于钢铁行业物质回用与能量回收的新型 CO_2 捕集过程，对该 CO_2 捕集过程的具体描述如图 6.2 所示。

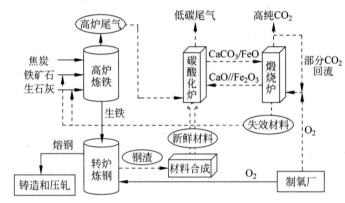

图 6.2　基于钢铁行业物质回用与能量回收的新型自热式 CO_2 捕集过程

这一新型 CO_2 捕集过程与原有过程的最大区别在于，利用 CaL 耦合 CLC 模式取代传统高温钙循环模式进行 CO_2 捕集，但其在实际运行过程中的设备要求和操作条件与传统高温钙循环几乎相同。图 6.2 中的 CaL 耦合 CLC 过程将主要通过本章开发的钢渣源钙-铁双功能 CO_2 吸附材料来实现。首先，通过对钢渣酸浸取过程的调控，使得钙、铁元素同时在钢渣浸出液中富集，从而利用所得富钙、富铁钢渣浸出液制备钢渣源钙-铁双功能 CO_2 吸附材料。随后，所得新鲜钢渣源钙-铁双功能 CO_2 吸附材料被输送至碳酸化炉，材料在此与高炉尾气相会，高炉尾气中的 CO_2 因与材料中的 CaO 物相发生碳酸化反应而被吸附，材料中的 Fe_2O_3 物相则被高炉尾气中的 CO 和 H_2（作为部分或全部燃料为整个 CO_2 捕集系统提供能量）还原。当同步碳酸化-还原反应后的材料被循环至煅烧炉后，材料中的还原性铁物相在 O_2/CO_2 混合气流中被 O_2 氧化，还原性铁氧化过程中释放出的热量则在晶格尺度上传递给材料基体中的碳酸钙物相，从而提供碳酸钙分解反应所需的热量。经同步煅烧-氧化后的再生材料重新被循环至碳酸化炉，开始新的 CaL 耦合 CLC 循环。最后，在 CaL 耦合 CLC 循环过程中因烧结而失活的钢渣源钙-铁双功能材料作为生产原料被直接回用至炼铁高炉,替代部分铁矿石和生石灰用于生铁冶炼。这种基于钢渣中钙、铁回用与高炉尾气中能量回收的新型自热式 CO_2 捕集过程将有助于实现低碳而高效的钢铁生产。

6.2　钢渣源钙-铁双功能 CO_2 吸附材料开发及其工作原理解析

6.2.1　协同沉淀法合成钢渣源钙-铁双功能 CO_2 吸附材料的表征

几种采用协同沉淀法合成的钢渣源钙-铁双功能 CO_2 吸附材料的元素组成见表 6.2。

表 6.2　几种协同沉淀法合成的钢渣源钙-铁双功能 CO_2 吸附材料的元素组成分析

%

元　素	原始钢渣	Ca：Fe_9：2	Ca：Fe_5：2	Ca：Fe_7：4	Ca：Fe_5：4
CaO	46.37	50.14	44.05	39.95	36.30
Fe_2O_3	18.08	15.71	25.35	33.47	40.57
Al_2O_3	11.60	11.83	10.22	9.37	8.52
MgO	4.65	6.73	6.85	5.09	3.46
SiO_2	14.53	11.54	10.17	9.25	8.49
MnO	1.33	1.11	0.96	0.87	0.81
TiO_2	1.24	0.84	0.73	0.67	0.61
其他	2.20	2.10	1.67	1.33	1.24
钙铁铝物质的量比	3.8：1：1	4.5：1：1.2	2.5：1：0.6	1.7：1：0.4	1.3：1：0.3

可以看出,钢渣源 Ca：Fe_9：2 材料,即由原始钢渣浸出液直接经协同沉淀而得到的钢渣源钙-铁双功能 CO_2 吸附材料,与原始钢渣的元素组成比较相似。钙和铁是材料的主要元素,其含量分别为 50.14% 和 15.71%(以氧化物形式表示)。因材料功能的需要,在钢渣酸浸取过程中采用相对有利的浸出条件(见 2.3.2 节)以保证铁元素的提取效率。因此,材料中其他非功能化的杂质元素含量也随之增加。铝和硅两种杂质元素的含量均超过 10%,这会对 Ca：Fe_9：2 材料中功能化元素钙和铁的有效利用率造成

一定影响。随着铁元素在钢渣源钙-铁双功能 CO_2 吸附材料中掺杂量的提高,材料中钙和其他杂质元素的含量均逐渐下降,但所有材料中钙和铁的物质的量比均大于1。

表6.3进一步比较了几种协同沉淀法合成的钢渣源钙-铁双功能 CO_2 吸附材料的主要物化参数。铁元素在几种材料中的净负载量在 $10\%\sim 30\%$ 范围内,这使得材料的理论载氧量从 $Ca:Fe\_9:2$ 材料的 $0.047\ g_{O_2}/g$ 升高至 $Ca:Fe\_5:4$ 材料的 $0.122\ g_{O_2}/g$。而随着材料中铁元素含量的增加,其理论 CO_2 吸附量则从 $Ca:Fe\_9:2$ 材料的 $0.394\ g_{CO_2}/g$ 降低至 $Ca:Fe\_5:4$ 材料的 $0.285\ g_{CO_2}/g$。在所有材料中,钢渣源 $Ca:Fe\_9:2$ 材料的 BET 比表面积、BJH 孔体积和平均孔径均最低。而随着铁元素含量的增加,材料的 BET 比表面积、BJH 孔体积和平均孔径也随之增大。但总体来说,铁元素的投加对钢渣源钙-铁双功能 CO_2 吸附材料的比表面和孔隙特性影响不大。

表6.3　几种协同沉淀法合成的钢渣源钙-铁双功能 CO_2 吸附材料的主要物化参数

指　　标	$Ca:Fe\_9:2$	$Ca:Fe\_5:2$	$Ca:Fe\_7:4$	$Ca:Fe\_5:4$
含钙量/%	35.8	31.5	28.5	25.9
铁负载量/%	11.0	17.7	23.4	28.4
钙铁物质的量比	9:2	5:2	7:4	5:4
BET 比表面积/(m^2/g)	5	6	6	7
BJH 孔体积/(cm^3/g)	0.02	0.03	0.03	0.03
平均孔径/nm	1.1	1.2	1.8	1.8
理论载氧量/(g_{O_2}/g)	0.047	0.076	0.100	0.122
理论 CO_2 吸附量/(g_{CO_2}/g)	0.394	0.346	0.314	0.285

几种协同沉淀法合成的钢渣源钙-铁双功能 CO_2 吸附材料的 X 射线衍射谱图如图6.3所示。在所有材料中,均包含 CaO,Ca_2FeAlO_5 和 MgO 三种物相。随着材料中铁元素负载量的增加,少量的 $Ca_2Fe_2O_5$ 和 Fe_2O_3 物相在钢渣源 $Ca:Fe\_7:4$ 和 $Ca:Fe\_5:4$ 材料中被检测出来。由于 Ca_2FeAlO_5 (PDF#71—0667)和 $Ca_2Fe_2O_5$ (PDF#71-2108)物相各主要 X 射线衍射峰的相互重叠,X 射线衍射谱图分析结果并不能成为证明 $Ca_2Fe_2O_5$ 物相在钢渣源 $Ca:Fe\_7:4$ 和 $Ca:Fe\_5:4$ 材料中存在的可靠证据[157]。为进一步证明 $Ca_2Fe_2O_5$ 物相的存在,以 $Ca(NO_3)_2$ 和 $Fe(NO_3)_3$ 溶液为前驱体,以 Na_2CO_3 溶液为沉淀剂,在沉淀 $pH=9.0$ 的条件下,经老化、烘干和800℃煅

烧制备出 Ca∶Fe_1∶1 材料。由该材料的 X 射线衍射谱图(图 6.4)可见，
Ca$_2$Fe$_2$O$_5$ 物相是钙-铁固溶体的主要存在形态。因此,在铁/铝物质的量比大
于 1 的钢渣源 Ca∶Fe_7∶4 和 Ca∶Fe_5∶4 材料中(表 6.2),相对铝元素过
量的铁和钙元素将主要以 Ca$_2$Fe$_2$O$_5$ 物相的形式存在。

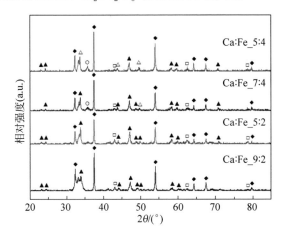

图 6.3　几种协同沉淀法合成的钢渣源钙-铁双功能 CO$_2$ 吸附材料的 X 射线衍射谱图

检出物相为：(◆)氧化钙,CaO；(▲)钙铁铝石,Ca$_2$FeAlO$_5$；(△)钙铁石,
Ca$_2$Fe$_2$O$_5$；(○)氧化铁,Fe$_2$O$_3$；(□)氧化镁,MgO

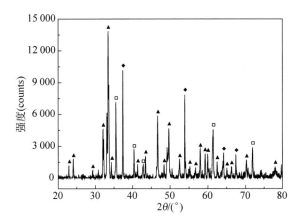

图 6.4　协同沉淀法合成的纯 Ca∶Fe_1∶1 材料的 X 射线衍射谱图

检出物相为：(▲)钙铁石,Ca$_2$Fe$_2$O$_5$；(◆)氧化钙,CaO；(□)铁酸钙,CaFe$_2$O$_4$

Fe$_2$O$_3$,Ca$_2$FeAlO$_5$ 和 Ca$_2$Fe$_2$O$_5$ 物相及几种协同沉淀法合成的钢渣
源钙-铁双功能 CO$_2$ 吸附材料的氢气-程序升温还原曲线分别如图 6.5 和

图 6.6 所示。Fe_2O_3 物相的氢气-程序升温还原曲线在约 400℃ 和约 700℃ 处各出现一个还原峰,分别对应于 Fe_2O_3 还原为 Fe_3O_4 和 Fe_3O_4 进一步还原为单质铁的还原反应[158-159]。相比之下,四种钢渣源钙-铁双功能 CO_2 吸附材料的氢气-程序升温还原曲线上也均出现了两个主要还原峰,分别位于约 600℃ 和约 850℃ 处,与材料中的钙/铁(物质的量比)无关。其中,第一个还原峰代表材料中的 Fe^{3+} 还原为 Fe^{2+},第二个还原峰则代表 Fe^{2+} 还原为单质铁。另外,钢渣源钙-铁双功能 CO_2 吸附材料的两个还原峰相对 Fe_2O_3 物相的还原峰均向高温区发生了迁移。这说明在钢渣源钙-铁双功

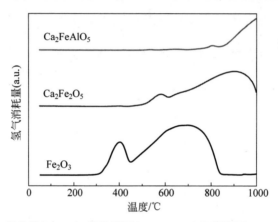

图 6.5 氧化铁(Fe_2O_3)、钙铁铝石(Ca_2FeAlO_5)和钙铁石($Ca_2Fe_2O_5$)的氢气-程序升温还原曲线

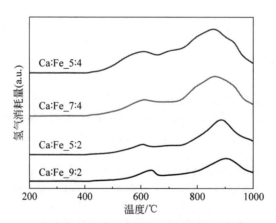

图 6.6 几种协同沉淀法合成的钢渣源钙-铁双功能 CO_2 吸附材料的氢气-程序升温还原曲线

能 CO_2 吸附材料中,由于 Ca_2FeAlO_5 和 $Ca_2Fe_2O_5$ 物相的形成,使得铁元素的还原活性受到了一定程度的限制。然而值得注意的是,随着钢渣源钙-铁双功能 CO_2 吸附材料中铁元素负载量的增加,两个还原峰均逐渐向低温区偏移。这主要是由于在高铁负载量下,材料中形成 $Ca_2Fe_2O_5$ 和 Fe_2O_3 物相,其可还原性均强于 Ca_2FeAlO_5 物相。

　　钢渣源钙-铁双功能 CO_2 吸附材料中钙、铁两种功能化元素的相互作用可以进一步通过背散射电子显微成像图和能量分散 X 光微区分析图加以考察(图 6.7)。可以看出,在经氢气-程序升温还原后,钢渣源钙-铁双功能 CO_2 吸附材料 Ca：Fe_5：4 的背散射电子显微成像图(图 6.7(a))中出现大量轮廓清晰且均匀分布于材料颗粒表面的明亮光点。由背散射电子显微成像原理可知,这些光点代表材料所含各主要元素中原子序数最大的铁元素的富集区,由此证明了铁元素在材料基体中均匀分散。进一步对材料基体中的所选微区(图 6.7(b))进行能量分散 X 光分析可知,在铁元素分布图(图 6.7(c))中出现明亮光点的位置却在氧(图 6.7(d))和钙(图 6.7(e))元素分布图中呈现出元素缺失现象,表明位于图 6.7(c)中均匀分散的光点处的铁元素主要以单质铁的形式存在。钙和铁元素在钢渣源 Ca：Fe_5：4 材料的基体中均匀混合这一特征,将有利于其在 CaL 耦合 CLC 循环中表现出良好的传质和传热效果。

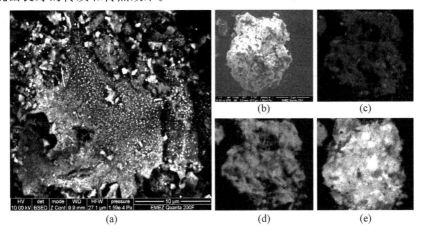

图 6.7　(a) 协同沉淀法合成的钢渣源钙-铁双功能 CO_2 吸附材料 Ca：Fe_5：4
　　　　在氢气-程序升温还原后的背散射电子显微成像(BSE)图；(b) 进行能量
　　　　分散 X 光分析的微区；(c) 铁元素的能量分散 X 光微区分析(EDS)图；
　　　　(d) 氧元素的能量分散 X 光微区分析(EDS)图；(e) 钙元素的能量分散
　　　　X 光微区分析(EDS)图(见文前彩图)

6.2.2 钢渣源钙-铁双功能材料自热式捕集 CO_2 的工作原理

下面以协同沉淀法合成的钢渣源 Ca：Fe_5：4 材料为代表,通过对比其质量和热流量在单独 CaL、单独 CLC 及 CaL 耦合 CLC 循环中的变化情况,分析钢渣源钙-铁双功能 CO_2 吸附材料自热式捕集 CO_2 的工作原理(图 6.8)。在单独 CaL 循环中,随着 CO_2 浓度为 20%(N_2 平衡)的反应气流的通入,在材料的热流量曲线上出现一个强放热峰(向上),同时伴随着材料质量的迅速增加,这是由于材料中 CaO 物相发生了碳酸化反应。随着(碳酸化)反应的进行,材料的热流量逐渐降至基线值,质量则以比较缓慢的速率持续增加。当反应气流从 20% CO_2 切换为 5% O_2(N_2 平衡)后,材料被煅烧,其 $CaCO_3$ 物相的分解反应随即发生,导致在材料的热流量曲线上出现一个强吸热峰(向下)。在单独 CLC 循环中,随着 H_2 浓度为 20%(N_2平衡)的反应气流的通入,在材料的热流量曲线上出现一个微小的吸热峰,同时伴随材料质量的逐渐下降,这是由于材料中 Fe^{3+} 被 H_2 还原,同时 H_2被材料晶格氧所氧化。在单独 CLC 循环中,还原反应后材料的 X 射线衍射图谱(图 6.9)中检测到大量单质铁和少量 FeO 的存在,表明了钢渣源

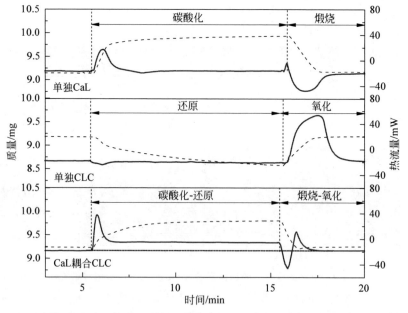

图 6.8 协同沉淀法合成的钢渣源钙-铁双功能 CO_2 吸附材料 Ca：Fe_5：4 的质量和热流量在单独 CaL、单独 CLC 及 CaL 耦合 CLC 过程中的变化情况

Ca：Fe_5：4 材料良好的还原性能。当反应气流从 20% H_2 切换为 5% O_2（N_2 平衡）后,材料的热流量曲线上随即出现一个强大的放热峰,这是由材料中单质铁和 FeO 发生的强氧化放热反应造成的。

而在 CaL 耦合 CLC 循环中,当 CO_2 和 H_2 气流（浓度均为 20%）同时通入后,材料的热流量曲线上依然出现一个强放热峰,同时伴随质量的不断增加,但增重速率不及单独 CaL 循环时的情况。在该阶段反应后,材料的 X 射线衍射图谱（图 6.9）中（相比反应前）检测到 $CaCO_3$ 和 FeO 两个新物相的存在,而单独 CLC 循环中还原反应后出现的单质铁并未被检测到。这说明在钢渣源 Ca：Fe_5：4 材料中同时发生了 CaO 的碳酸化反应和 Fe^{3+} 的还原反应,并且 FeO 是在本研究操作条件下可稳定存在的还原产物。当反应气氛被切换为 5% O_2（N_2 平衡）后,在材料的热流量曲线上 FeO 氧化产生的放热峰和 $CaCO_3$ 分解产生的吸热峰相互融合,这一现象有力地证明了氧化放热反应和吸热分解反应的热量可以在材料基体内部的物相（FeO 和 $CaCO_3$）间有效传递。在 1000 K 时,FeO 的氧化反应释放的理论热量和 $CaCO_3$ 的分解反应需要的理论热量分别为 124 kJ/mol_{FeO} 和 170 kJ/mol_{CaCO_3}。因此,为实现这两个反应在理论上的热平衡（材料自热式脱附 CO_2）,材料中的铁/钙物质的量比应该为 1.3：1。

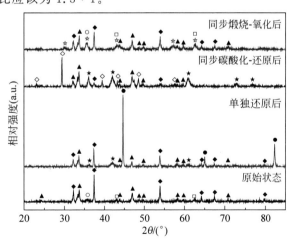

图 6.9　协同沉淀法合成的钢渣源钙-铁双功能 CO_2 吸附材料
Ca：Fe_5：4 在不同反应阶段的 X 射线衍射谱图

检出物相为：（◆）氧化钙,CaO；（◇）碳酸钙,$CaCO_3$；（▲）钙铁铝石,Ca_2FeAlO_5；（★）氧化亚铁,FeO；（○）氧化铁,Fe_2O_3；（●）单质铁,Fe；（□）氧化镁,MgO；（☆）镁铁矿,$MgFe_2O_4$

6.2.3　钢渣源钙-铁双功能材料的 CO_2 吸附与 O_2 携带性能

几种采用协同沉淀法制备的钢渣源钙-铁双功能 CO_2 吸附材料在单独 CaL 过程中的循环 CO_2 吸附性能如图 6.10 所示。可以看出,所有材料的 CO_2 吸附量均随碳酸化-煅烧循环次数的增加而逐渐下降,直至第 8 个循环开始稳定。在所合成的 4 种钢渣源钙-铁双功能 CO_2 吸附材料中,拥有最大理论 CO_2 吸附量和钙/铁(物质的量比)的钢渣源 Ca：Fe_9：2 材料表现出最优异的 CO_2 循环吸附性能,其 CO_2 吸附量从第 1 个循环的 0.12 $g_{CO_2}/g_{吸附材料}$ 逐渐降低至第 10 个循环的 0.07 $g_{CO_2}/g_{吸附材料}$。除钢渣源 Ca：Fe_5：2 材料外,其他材料的 CO_2 吸附量均随铁元素负载量的增加而降低,这与钙元素含量和理论 CO_2 吸附量的变化规律一致。需要指出的是,图 6.10 中各钢渣源 CO_2 吸附材料的 CO_2 吸附量和循环稳定性相比第 5 章开发的各钢渣源钙基 CO_2 吸附材料(图 5.6 和图 5.10)存在一定差距。这主要是由材料中 CaO 物相含量的差异造成的。另外,不同的材料合成方法(见 2.3.1 节和 2.3.2 节)和测试条件(见 2.5.5 节和 2.5.6 节)也会对材料的实际 CO_2 吸附性能产生一定的影响。

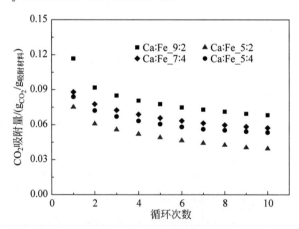

图 6.10　几种协同沉淀法合成的钢渣源钙-铁双功能 CO_2 吸附材料
在单独 CaL 过程中的 CO_2 循环吸附性能

几种采用协同沉淀法制备的钢渣源钙-铁双功能 CO_2 吸附材料在单独 CLC 过程中的循环 O_2 携带性能如图 6.11 所示。可以看出,所有材料的 O_2 携带量均随氧化-还原循环次数的增加而逐渐增加,直至第 5 个循环开始稳定。而在前 5 个循环中,材料 O_2 携带量的增长速率(幅度)随着铁元素负载量的增加而增加。虽然材料的 O_2 携带量随其铁元素负载量的增加而增加,但不同材料 O_2 携带性能的差异比较明显。在所合成的 4 种钢渣源钙-铁双功能 CO_2 吸附材料中,钢渣源 Ca∶Fe_5∶4 材料的 O_2 循环携带性能最优异,其 O_2 携带量从第 1 个循环的 0.063 $g_{O_2}/g_{吸附材料}$ 逐渐升高到第 10 个循环的 0.072 $g_{O_2}/g_{吸附材料}$。而铁元素负载量最低的钢渣源 Ca∶Fe_9∶2 材料的 O_2 携带量则在 10 个氧化-还原循环中稳定保持在 0.014 $g_{O_2}/g_{吸附材料}$ 左右,其 O_2 携带量与钢渣源 Ca∶Fe_5∶4 材料相差近 5 倍。

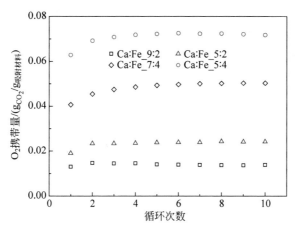

图 6.11　几种协同沉淀法合成的钢渣源钙-铁双功能 CO_2 吸附材料在单独 CLC 过程中的 O_2 循环携带性能

6.3　钙-铁双功能 CO_2 吸附材料中铁基化学链燃烧循环(CLC)与高温钙循环(CaL)的相互作用及其自热补偿效应

6.3.1　CaL 耦合 CLC 过程对材料 CO_2 吸附与 O_2 携带性能的影响

几种采用协同沉淀法制备的钢渣源钙-铁双功能 CO_2 吸附材料在 CaL 耦合 CLC 过程中的循环 CO_2 吸附性能如图 6.12 所示。与单独 CaL 过程中的CO_2吸附循环稳定性相似,所有材料的CO_2吸附量均随反应循环次数的增加而逐渐下降,直至第 8 个循环开始稳定。此外,每种钢渣源钙-铁双功能CO_2吸附材料在 10 个碳酸化/还原-氧化/煅烧循环过程中的CO_2吸附量与其在 10 个碳酸化-煅烧循环过程中的CO_2吸附量(图 6.10)几乎一致,这表明将铁基氧化物的化学链燃烧循环($FeO-Fe_2O_3$)与钙基碳酸化-煅烧循环($CaO-CaCO_3$)相耦合的过程并未对钢渣源钙-铁双功能CO_2吸附材料的循环CO_2吸附性能造成显著影响。与已见于报道的同类型的钙-铜双功能CO_2吸附材料[160-161]相比,本研究开发的钢渣源钙-铁双功能CO_2吸附材料的CO_2吸附能力较弱,CO_2循环吸附量不高。这主要是因为钙-铁双功能CO_2吸附材料中形成的$Ca_2Fe_2O_5$和Ca_2FeAlO_5物相在典型高温钙循环操作条件下呈现出CO_2惰性,难以发生碳酸化反应吸附CO_2[162];而钙-铜双功能CO_2吸附材料中形成的Ca_2CuO_3物相能够发生碳酸化反应吸附CO_2[161]。

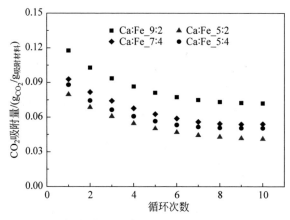

图 6.12　几种协同沉淀法合成的钢渣源钙-铁双功能CO_2吸附材料
在 CaL 耦合 CLC 过程中的CO_2循环吸附性能

　　几种采用协同沉淀法制备的钢渣源钙-铁双功能CO_2吸附材料在 CaL 耦合 CLC 过程中的循环O_2携带性能如图 6.13 所示。与单独 CLC 过程中的循环O_2携带性能明显不同,所有材料的O_2携带量均随碳酸化/还原-氧化/煅烧循环次数的增加而逐渐下降,直至第 5 个循环开始稳定。而在前 5 个循环中,材料O_2携带量的衰减速率(幅度)随着铁元素负载量的增加而增加。所有钢渣源钙-铁双功能CO_2吸附材料在 CaL 耦合 CLC 过程中的

O$_2$ 携带量和 O$_2$ 携带循环稳定性均明显低于其在单独 CLC 过程中的情形。相比于单独 CLC 过程,CaL 耦合 CLC 过程中材料 O$_2$ 携带循环稳定性降低的主要原因是:在每个碳酸化/还原-氧化/煅烧循环中,CaCO$_3$ 物相的形成使得材料不断烧结而降低反应性能。因此,在材料基体中添加抗烧结物相以提高其在 CaL 耦合 CLC 过程中的 CO$_2$ 吸附和 O$_2$ 携带循环稳定性是必要的[163]。然而,惰性抗烧结物相的引入将会不可避免地带来材料中功能元素钙和铁的含量(可利用性)降低的问题。材料在 CaL 耦合 CLC 过程中 O$_2$ 携带量相比单独 CLC 过程也明显降低的主要原因在于:在本研究的操作条件下,材料中的 Fe^{3+} 在 CaL 耦合 CLC 循环中仅被还原为 FeO;在单独 CLC 循环中则被基本还原为单质铁(图 6.9)。另外,在 CaL 耦合 CLC 循环的同步碳酸化-还原阶段,碳酸化反应过程中 CaCO$_3$ 物相(摩尔体积为 36.9 cm^3/mol)取代 CaO 物相(摩尔体积为 16.7 cm^3/mol)所导致的材料孔隙阻塞,也会在一定程度上限制材料基体中 Fe^{3+} 的还原反应速率,从而影响材料的载氧效果。

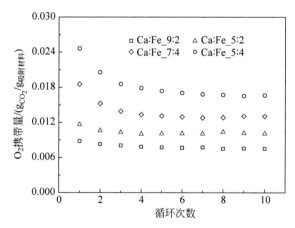

图 6.13　几种协同沉淀法合成的钢渣源钙-铁双功能 CO$_2$ 吸附材料在 CaL 耦合 CLC 过程中的 O$_2$ 循环携带性能

6.3.2　材料的钙铁比对其 CO$_2$ 捕集自热过程的影响

铁元素的负载量(钙/铁物质的量比)对钢渣源钙-铁双功能 CO$_2$ 吸附材料在 CaL 耦合 CLC 过程的同步氧化-煅烧阶段 FeO 氧化反应放热峰与 CaCO$_3$ 分解反应吸热峰融合效果的影响如图 6.14 所示。在所合成的 4 种钢渣源钙-铁双功能 CO_2 吸附材料的热流量曲线中,均能观察到 FeO 氧化反应放热峰与 $CaCO_3$ 分解反应吸热峰相融合的现象,说明钢渣源钙-铁双功能 CO_2 吸附材料具有良好的热整合性能。钢渣源 Ca：Fe_9：2 材料的 $CaCO_3$ 分解反应吸热峰尚未被 FeO 氧化反应放热峰完全抵消,说明材料中放热反应所能提供的热量仍低于吸热反应所需的热量。然而,随着铁元素负载量(钙/铁物质的量比)的增加,材料热流量曲线上吸热峰的面积逐渐减小,并紧随吸热峰后伴有放热峰的出现,这表明材料中 FeO 氧化反应释放的热量在逐渐增加。同时,材料吸热峰和放热峰在其热流量曲线上的有效融合表明 $CaCO_3$ 分解与 FeO 氧化(在本研究操作条件下)的反应速率相当,这是保证 CaL 循环与 CLC 循环相耦合而实现材料自热式脱附 CO_2 的必需条件。

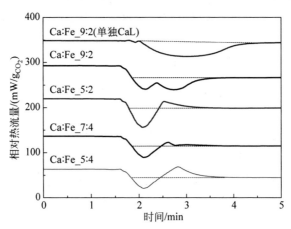

图 6.14　几种协同沉淀法合成的钢渣源钙-铁双功能 CO_2 吸附材料在单一 CaL 耦合 CLC 过程中的同步氧化-煅烧阶段的热流量曲线

表 6.4 进一步比较了材料在单独 CaL 和 CaL 耦合 CLC 过程中的 CO_2 吸附量及煅烧(CO_2 脱附)所需热量。可以看出,每种材料在其单独 CaL 循环和 CaL 耦合 CLC 过程中的 CO_2 吸附量均十分相近,再次表明材料基体中 CaO 物相的碳酸化反应基本不受与其同时发生的 Fe^{3+} 还原反应的影响。而在 CaL 耦合 CLC 过程中,所有材料煅烧所需的热量相比其在单独 CaL 循环均显著降低,这是因为在同步氧化-煅烧过程中 FeO 氧化所释放的热量不同程度地补偿了材料中 $CaCO_3$ 分解所需的热量。需要指出的是,本研究通过实验手段确定的 $CaCO_3$ 分解所需热量($2.70 \ kJ/g_{CO_2}$)与其理

论值（3.85 kJ/g_{CO_2}）存在一定差异，从而导致材料在 CaL 耦合 CLC 过程中的理论煅烧所需热量的计算结果（表 6.5）高于实验值（表 6.4）。尽管如此，所有材料在 CaL 耦合 CLC 过程的同步氧化-煅烧阶段中的自热补偿率却与其理论值十分接近。尤其对于钢渣源 Ca：Fe_5：4 材料，其在 CaL 耦合 CLC 过程中的煅烧所需热量已为负值（−0.42 kJ/g_{CO_2}），表明材料基体自身 FeO 氧化释放的热量已足以补偿 $CaCO_3$ 分解所需的热量，使得钢渣源 Ca：Fe_5：4 材料在 CaL 耦合 CLC 过程中实现对 CO_2 捕集的自热式运行。

表 6.4　几种协同沉淀法合成的钢渣源钙-铁双功能 CO_2 吸附材料在单独 CaL 和 CaL 耦合 CLC 过程中的 CO_2 吸附量及煅烧（CO_2 脱附）所需热量的对比

材　　料	CO_2 吸附量 /(g_{CO_2}/g)		煅烧所需热量 /(kJ/g_{CO_2})		自热补偿率[①]/%
	单独 CaL	CaL-CLC	单独 CaL	CaL-CLC	
Ca：Fe_9：2	0.118	0.121	2.70	1.87	30.7
Ca：Fe_5：2	0.078	0.078	2.58	0.85	67.1
Ca：Fe_7：4	0.091	0.092	2.72	0.56	79.4
Ca：Fe_5：4	0.091	0.089	2.65	−0.42	115.8

① 自热补偿率是指材料中由 FeO 氧化释放的热量与 $CaCO_3$ 煅烧（分解）所需热量的比值。

表 6.5　几种协同沉淀法合成的钢渣源钙-铁双功能 CO_2 吸附材料在 CaL 耦合 CLC 过程中的 CO_2 吸附量、O_2 携带量和理论煅烧（CO_2 解吸）所需热量

材　　料	CO_2 吸附量 /(g_{CO_2}/g)	O_2 携带量 /(g_{O_2}/g)	理论煅烧所需热量[①] /(kJ/g_{CO_2})	理论自热补偿率 /%
Ca：Fe_9：2	0.121	0.0061	2.99	22.3
Ca：Fe_5：2	0.078	0.0086	1.99	48.3
Ca：Fe_7：4	0.092	0.0148	1.11	71.2
Ca：Fe_5：4	0.089	0.0234	−0.58	115.1

① 根据公式 $H_{1000\,K} = (m_{CO_2} \times Q_{CO_2} - m_{O_2} \times Q_{O_2})/m_{CO_2}$ 计算得到。其中，Q_{CO_2} 代表单独 CaL 过程中 $CaCO_3$ 分解释放单位质量 CO_2 所需热量（1000K 时等于 3.85 kJ/g_{CO_2}）；Q_{O_2} 代表单独 CLC 过程中 FeO 氧化携带单位质量 O_2 释放的热量（1000K 时等于 16.84 kJ/g_{O_2}）；m_{CO_2} 和 m_{O_2} 则分别代表材料在 CaL 耦合 CLC 过程中的同步煅烧-氧化环节所释放的 CO_2 质量和携带的 O_2 质量。

6.3.3 材料在 CaL 耦合 CLC 过程捕集 CO_2 中的自热补偿效应

图 6.15 比较了几种协同沉淀法合成的钢渣源钙-铁双功能 CO_2 吸附材料在 CaL 耦合 CLC 过程中的循环煅烧所需热量,以探究材料在 CaL 耦合 CLC 过程捕集 CO_2 中的自热补偿效应。与单独 CaL 过程中的煅烧所需热量(用空心符号在图中第 1 个循环标出)相比,所有材料在 10 个 CaL 耦合 CLC 过程的煅烧所需热量均显著下降。钙/铁(物质的量比)最高的钢渣源 Ca:Fe_9:2 材料表现出最稳定的循环煅烧所需热量,在 10 个 CaL 耦合 CLC 过程中的煅烧所需热量保持在 $1.6 \sim 1.8$ kJ/g_{CO_2},这表明 Ca:Fe_9:2 材料中 $CaCO_3$ 分解所需热量的 34.4%～41.5% 由 FeO 的氧化放热反应提供。随着铁元素负载量的增加,钢渣源 Ca:Fe_5:2 和 Ca:Fe_7:4 材料在 CaL 耦合 CLC 过程中的循环煅烧所需热量相比 Ca:Fe_9:2 材料进一步下降,分别下降至约 0.85 kJ/g_{CO_2} 和约 0.56 kJ/g_{CO_2},分别相当于节省了材料在单独 CaL 过程中煅烧所需热量的 57.8%～88.7%(Ca:Fe_5:2 材料)和 68.8%～82.7%(Ca:Fe_7:4 材料)。对于铁元素负载量最高的钢渣源 Ca:Fe_5:4 材料,其在 10 个 CaL 耦合 CLC 过程的煅烧所需热量均为负值,这表明 Ca:Fe_5:4 材料对 CO_2 捕集的自热式运行可以随 CaL

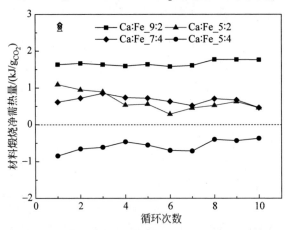

图 6.15 几种协同沉淀法合成的钢渣源钙-铁双功能 CO_2 吸附材料在 CaL 耦合 CLC 过程中的煅烧所需热量随循环次数的变化情况((■) Ca:Fe_9:2、(▲) Ca:Fe_5:2、(◆) Ca:Fe_7:4 和(●) Ca:Fe_5:4 材料在单独 CaL 过程中的煅烧所需热量在图中第 1 个循环标出)

耦合 CLC 过程得以稳定地保持。然而可以看到,钢渣源 Ca∶Fe_5∶2,
Ca∶Fe_7∶4 和 Ca∶Fe_5∶4 材料在 CaL 耦合 CLC 过程中煅烧所需热量
的循环稳定性均不及 Ca∶Fe_9∶2 材料。其中,Ca∶Fe_5∶2 材料煅烧所
需热量的循环稳定性最差,这很可能是由材料 CO_2 吸附量(图 6.12)和 O_2
携带量(图 6.13)随碳酸化/还原-氧化/煅烧循环次数的波动造成。

6.4　钢渣源钙-铁双功能 CO_2 吸附材料性能优化及其对高炉尾气中 CO_2 的捕集效果

6.4.1　溶胶-凝胶法合成钢渣源钙-铁双功能 CO_2 吸附材料的表征

　　本章前述研究已证明了利用钢渣源钙-铁双功能 CO_2 吸附材料将铁基
化学链燃烧循环和钙基碳酸化-煅烧循环相耦合,从而实现对 CO_2 进行自
热式捕集的技术可行性。但是材料的 CO_2 吸附性能(吸附量和循环稳定
性)仍有待提高。为此,本节将采用溶胶-凝胶材料合成技术(见 2.3.3 节)
来优化钢渣源钙-铁双功能 CO_2 吸附材料的性能,并考察其对钢铁厂高炉
尾气的 CO_2 的捕集效果。

　　几种采用溶胶-凝胶法合成的钢渣源钙-铁双功能 CO_2 吸附材料的元
素组成见表 6.6。根据 2.3.3 节中对材料的命名法,CaFe-CA_1EG_1-pH_1 是
指在柠檬酸(CA)与钢渣浸出液中金属阳离子(Me)的物质的量比为 1∶1、
聚乙二醇与钢渣浸出液中金属阳离子的物质的量比为 1∶1 且柠檬酸-钢渣
浸出液的混合液 pH=1 的条件下制备的钢渣源钙-铁双功能 CO_2 吸附材
料。由于合成的各种钢渣源钙-铁双功能 CO_2 吸附材料均来自相同的钢渣
浸出液,故表 6.6 中所有材料的元素组成(以其氧化物的形式表示)大致相
同,即 CaO 含量约为 42.0%,Fe_2O_3 含量约为 35.0%,MgO 含量约为
15.0%,Al_2O_3 含量约为 3.0%,MnO 含量约为 2.5%。其中,功能元素钙
和铁,以及惰性元素镁(作为材料的抗烧结稳定剂)的总含量达到 90%以
上,而钙和铁两种功能元素在材料中的物质的量比为 5∶3,其含量与钢渣
源 Ca∶Fe_7∶4 材料基本相当。

表 6.6　几种溶胶-凝胶法合成的钢渣源钙-铁双功能 CO_2 吸附材料的元素组成分析

%

材　　料	CaO	Fe_2O_3	MgO	Al_2O_3	MnO	其他
CaFe-CA$_1$ EG$_1$-pH$_1$	41.7	35.1	15.0	3.0	2.5	2.7
CaFe-CA$_1$ EG$_1$-pH$_2$	41.4	35.4	15.0	3.0	2.5	2.7
CaFe-CA$_1$ EG$_1$-pH$_3$	41.5	35.2	14.9	3.0	2.5	2.9
CaFe-CA$_{0.5}$ EG$_{0.5}$-pH$_2$	41.6	35.2	15.0	3.0	2.5	2.7
CaFe-CA$_{0.2}$ EG$_{0.2}$-pH$_2$	42.5	34.3	14.9	3.1	2.4	2.8
CaFe-CA$_{0.1}$ EG$_{0.1}$-pH$_2$	42.5	33.4	15.8	3.1	2.4	2.8

在所有溶胶-凝胶法合成的钢渣源钙-铁双功能 CO_2 吸附材料中,均含有 CaO,$Ca_2Fe_2O_5$,Fe_2O_3 和 MgO 4 种主要晶相(图 6.16)。几种溶胶-凝胶法合成的钢渣源钙-铁双功能 CO_2 吸附材料的氢气-程序升温还原曲线如图 6.17 所示。可以看出,所有材料的氢气-程序升温还原曲线上均出现三个主要的还原峰,分别位于约 425℃、约 580℃ 和约 980℃。位于约 425℃ 和约 580℃ 的还原峰分别对应材料中的 Fe_2O_3 物相还原为 Fe_3O_4 及 Fe_3O_4 进一步还原为 FeO[159]。位于约 980℃ 的还原峰则代表 $Ca_2Fe_2O_5$ 的还原反应,在此温度下,$Ca_2Fe_2O_5$ 物相直接被 H_2 还原为单质铁和氧化钙[157]。此外,柠檬酸/金属(物质的量比)和柠檬酸-钢渣浸出液的混合液 pH 值这两个溶胶-凝胶参数的改变并未引起材料程序升温还原曲线上各还原峰位置的显著迁移。因此,柠檬酸/金属(物质的量比)和柠檬酸-钢渣浸出液的混合液 pH 值这两个参数对合成材料的还原性能影响不大。材料中 Fe_2O_3 物相相比 $Ca_2Fe_2O_5$ 物相更易被还原,且 Fe_2O_3 向 FeO 的还原峰(约 580℃)低于传统高温钙循环碳酸化阶段的操作温度(650~700℃)。由此可见,在溶胶-凝胶法合成的钢渣源钙-铁双功能 CO_2 吸附材料中,CaO 物相和 Fe_2O_3 物相分别用于吸附 CO_2 和携带 O_2(能量),MgO 物相则作为耐高温空间阻隔体用于提高材料的抗烧结稳定性。

表 6.7 比较了几种溶胶-凝胶法合成的钢渣源钙-铁双功能 CO_2 吸附材料的比表面、孔体积和平均粒径,以探究材料合成参数(柠檬酸/金属(物质的量比)和柠檬酸-钢渣浸出液的混合液 pH 值)对孔隙性能的影响。钢渣源 CaFe-CA$_1$ EG$_1$-pH$_1$,CaFe-CA$_1$ EG$_1$-pH$_2$ 和 CaFe-CA$_1$ EG$_1$-pH$_3$ 材料的 BET 比表面积(6~7 m^2/g)、BJH 孔体积(0.014~0.015 cm^3/g)和平均粒径(846~985 nm)均比较相近,这表明柠檬酸-钢渣浸出液的混合液 pH 值

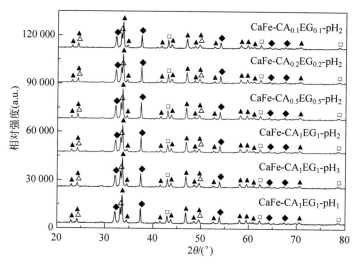

图 6.16　几种溶胶-凝胶法合成的钢渣源钙-铁双功能 CO_2
吸附材料的 X 射线衍射谱图

检出物相为：（◆）氧化钙，CaO；（▲）钙铁石，$Ca_2Fe_2O_5$；（△）氧化铁，Fe_2O_3；（□）氧化镁，MgO

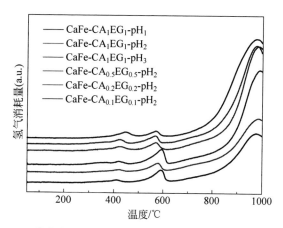

图 6.17　几种溶胶-凝胶法合成的钢渣源钙-铁双功能 CO_2 吸附材料
的氢气-程序升温还原曲线（见文前彩图）

(1~3)对所合成钢渣源钙-铁双功能 CO_2 吸附材料的孔隙性能影响不大。然而,当柠檬酸-钢渣浸出液的混合液 pH＝2 时,材料的 BET 比表面积和 BJH 孔体积均随柠檬酸/金属(物质的量比)的降低而逐渐减小,BET 比表

面积从 $CaFe-CA_1EG_1-pH_2$ 材料的 6 m^2/g 减小至 $CaFe-CA_{0.1}EG_{0.1}-pH_2$ 材料的 2 m^2/g,BJH 孔体积则从 $CaFe-CA_1EG_1-pH_2$ 材料的 0.014 cm^3/g 减小至 $CaFe-CA_{0.1}EG_{0.1}-pH_2$ 材料的 0.006 cm^3/g。然而,材料的平均粒径随柠檬酸/金属(物质的量比)的降低而逐渐增大。因此,在 Pechini 溶胶-凝胶体系下[124],相比柠檬酸-钢渣浸出液的混合液 pH 值,柠檬酸/金属(物质的量比)对钢渣源钙-铁双功能 CO_2 吸附材料孔隙性能的影响更加显著。

表 6.7　几种溶胶-凝胶法合成的钢渣源钙-铁双功能 CO_2 吸附材料的
比表面积、孔体积和平均粒径

材　　料	BET 比表面积 /(m^2/g)	BJH 孔体积 /(cm^3/g)	平均粒径 /nm
$CaFe-CA_1EG_1-pH_1$	7	0.015	874
$CaFe-CA_1EG_1-pH_2$	6	0.014	985
$CaFe-CA_1EG_1-pH_3$	7	0.015	846
$CaFe-CA_{0.5}EG_{0.5}-pH_2$	4	0.010	1495
$CaFe-CA_{0.2}EG_{0.2}-pH_2$	3	0.008	1789
$CaFe-CA_{0.1}EG_{0.1}-pH_2$	2	0.006	3162

6.4.2　溶胶-凝胶法合成钢渣源钙-铁双功能材料的 O_2 携带与 CO_2 吸附性能

几种溶胶-凝胶法合成的钢渣源钙-铁双功能 CO_2 吸附材料在 CaL 耦合 CLC 过程中的循环 CO_2 吸附性能如图 6.18 所示。所有材料均表现出相对稳定的循环 CO_2 吸附性能。钢渣源 $CaFe-CA_1EG_1-pH_1$,$CaFe-CA_1EG_1-pH_2$ 和 $CaFe-CA_1EG_1-pH_3$ 材料在 10 个 CaL 耦合 CLC 过程中的 CO_2 吸附量也十分接近。在模拟高炉尾气气氛中进行 5 min 同步碳酸化-还原反应的条件下,三种材料的 CO_2 循环吸附量可分别达到 0.16～0.17 $g_{CO_2}/g_{吸附材料}$、0.14～0.17 $g_{CO_2}/g_{吸附材料}$ 和 0.15～0.18 $g_{CO_2}/g_{吸附材料}$。这表明柠檬酸-钢渣浸出液的混合液 pH 值(1～3)的改变不会对所合成钢渣源钙-铁双功能 CO_2 吸附材料的 CO_2 吸附量造成任何显著影响。然而,材料的 CO_2 吸附量随柠檬酸/金属(物质的量比)的降低而逐渐下降,当柠檬酸/金属(物质的量比)降低到 0.1：1 时,合成的钢渣源 $CaFe-CA_{0.1}EG_{0.1}-pH_2$ 材料的 CO_2(循环)吸附量也下降至约 0.10 $g_{CO_2}/g_{吸附材料}$。这主要是

由钢渣源 $CaFe-CA_{0.1}EG_{0.1}-pH_2$ 材料较差的孔隙性能（表 6.7）造成的。因此，柠檬酸/金属（物质的量比）是在材料溶胶-凝胶法合成过程中，能够对钢渣源钙-铁双功能 CO_2 吸附材料的 CO_2 吸附性能产生显著影响的关键参数。

几种溶胶-凝胶法合成的钢渣源钙-铁双功能 CO_2 吸附材料在 CaL 耦合 CLC 过程中的循环 O_2 携带性能如图 6.19 所示。可以看出，所有材料

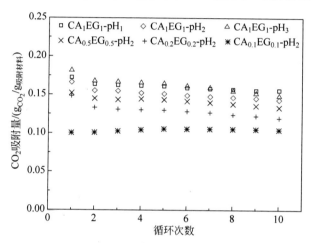

图 6.18　**几种溶胶-凝胶法合成的钢渣源钙-铁双功能 CO_2 吸附材料**
在 CaL 耦合 CLC 过程中的循环 CO_2 吸附性能

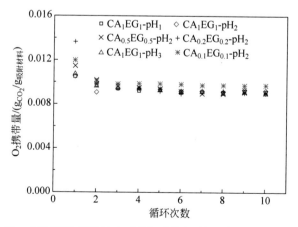

图 6.19　**几种溶胶-凝胶法合成的钢渣源钙-铁双功能 CO_2 吸附材料**
在 CaL 耦合 CLC 过程中的循环 O_2 携带性能（见文前彩图）

的循环 O_2 携带性能均比较稳定。从第 2 个 CaL 耦合 CLC 过程起，所有材料的 O_2 携带量（约 $0.01\ g_{O_2}/g_{吸附材料}$）并无明显差别。无论是柠檬酸/金属（物质的量比）还是柠檬酸-钢渣浸出液的混合液 pH 值都对溶胶-凝胶法合成钢渣源钙-铁双功能 CO_2 吸附材料的 O_2 携带性能影响不大。

溶胶-凝胶法合成的钢渣源钙-铁双功能 CO_2 吸附材料利用 CaL 耦合 CLC 过程捕集高炉尾气中 CO_2 的工作原理可以通过其在不同反应阶段的 X 射线衍射谱图进行分析（图 6.20）。经过每个 CaL 耦合 CLC 过程前的预还原阶段，钢渣源 $CaFe\text{-}CA_1EG_1\text{-}pH_2$ 材料中的 Fe_2O_3 物相基本被还原为 FeO。当反应气氛为模拟高炉尾气（10 vol% H_2 + 20 vol% CO + 20 vol% CO_2 + 50 vol% N_2）时，大量 $CaCO_3$ 物相由于 CaO 的碳酸化反应而在材料中形成，FeO 物相则依然可以在材料基体中稳定存在，说明 FeO 是材料在模拟高炉尾气气氛中发生同步碳酸化-还原反应后的主要还原产物。随后，反应气氛由模拟高炉尾气切换至空气。在空气气氛中煅烧 3 min 后，材料基体中的还原产物 FeO 被重新氧化为 Fe_2O_3，这一氧化过程释放的热量则可以在材料基体内部传递给 $CaCO_3$ 而驱动其分解反应的发生。因此，在利用溶胶-凝胶法合成的钢渣源钙-铁双功能 CO_2 吸附材料捕集高炉尾气中 CO_2 的 CaL 耦合 CLC 过程中，仍然是 $FeO\text{-}Fe_2O_3$ 化学链燃烧循环为钙基碳酸化-煅烧循环提供热量。

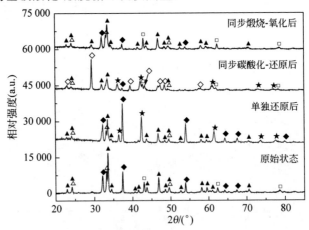

图 6.20　溶胶-凝胶法合成的钢渣源钙-铁双功能 CO_2 吸附材料 $CaFe\text{-}CA_1EG_1\text{-}pH_2$ 在不同反应阶段的 X 射线衍射谱图

检出物相为：（◆）氧化钙，CaO；（◇）碳酸钙，$CaCO_3$；（▲）钙铁石，$Ca_2Fe_2O_5$；（★）氧化亚铁，FeO；（△）氧化铁，Fe_2O_3；（□）氧化镁，MgO

根据材料在每个 CaL 耦合 CLC 过程中的 CO_2 吸附量(图 6.18)和 O_2 携带量(图 6.19)而计算出的理论煅烧(CO_2 脱附)所需热量见表 6.8。相比材料在传统高温钙循环过程中的理论煅烧所需热量(3.77 kJ/g_{CO_2}),其在 CaL 耦合 CLC 过程中的理论煅烧所需热量显著降低,并且所有材料的理论煅烧所需热量不随循环次数的增加而发生明显变化。然而,溶胶-凝胶法合成的钢渣源钙-铁双功能 CO_2 吸附材料在 CaL 耦合 CLC 过程中的平均自热补偿率却随材料合成过程中柠檬酸/金属(物质的量比)的降低而不断升高,钢渣源 $CaFe-CA_{0.1}EG_{0.1}-pH_2$ 材料在 10 个 CaL 耦合 CLC 过程中的平均自热补偿率可达 43.0%。

表 6.8　几种溶胶-凝胶法合成的钢渣源钙-铁双功能 CO_2 吸附材料

在 CaL 耦合 CLC 过程中的理论煅烧(CO_2 脱附)所需热量

材　　　料	煅烧所需热量[①]/(kJ/g_{CO_2})			平均自热补偿率[②]
	循环 1	循环 5	循环 10	/%
$CaFe-CA_1EG_1-pH_1$	2.75	2.80	2.79	26.0
$CaFe-CA_1EG_1-pH_2$	2.71	2.73	2.69	27.7
$CaFe-CA_1EG_1-pH_3$	2.78	2.83	2.76	25.7
$CaFe-CA_{0.5}EG_{0.5}-pH_2$	2.50	2.67	2.63	29.9
$CaFe-CA_{0.2}EG_{0.2}-pH_2$	2.22	2.59	2.51	33.2
$CaFe-CA_{0.1}EG_{0.1}-pH_2$	1.77	2.20	2.21	43.0

① 根据公式 $H_{1200\,K} = (m_{CO_2} \times Q_{CO_2} - m_{O_2} \times Q_{O_2})/m_{CO_2}$ 计算得到。其中,Q_{CO_2} 代表单独 CaL 过程中 $CaCO_3$ 分解释放单位质量 CO_2 所需热量(1200K 时等于 3.77 kJ/g_{CO_2});Q_{O_2} 代表单独 CLC 过程中 FeO 氧化携带单位质量 O_2 所释放的热量(1200K 时等于 16.79 kJ/g_{O_2});m_{CO_2} 和 m_{O_2} 则分别代表材料在 CaL 耦合 CLC 过程中的同步煅烧-氧化环节所释放的 CO_2 质量和携带的 O_2 质量。

② 指材料在第 1 个循环、第 5 个循环和第 10 个循环的自热补偿率的平均值。

6.4.3　材料在实际高温钙循环条件下对高炉尾气中 CO_2 的捕集效果

典型溶胶-凝胶法合成的钢渣源钙-铁双功能 CO_2 吸附材料和商品化氧化钙在实际高温钙循环条件下对高炉尾气中 CO_2 的循环吸附性能如图 6.21 所示。在第 1 个循环,商品化氧化钙的 CO_2 吸附量(0.45 g_{CO_2}/g_{CaO})明显高于钢渣源钙-铁双功能 CO_2 吸附材料。然而,商品化氧化钙的 CO_2 吸附量却随反应循环次数的增加而急剧下降,至第 10 个循环已降至

$0.08\ g_{CO_2}/g_{CaO}$。可喜的是,钢渣源 $CaFe\text{-}CA_1EG_1\text{-}pH_1$,$CaFe\text{-}CA_1EG_1\text{-}pH_2$ 和 $CaFe\text{-}CA_1EG_1\text{-}pH_3$ 材料在实际高温钙循环条件下的模拟高炉尾气中呈现出十分稳定的 CO_2 循环吸附性能,三种材料在 10 个 CaL 耦合 CLC 过程中的 CO_2 吸附量均保持在 $0.16\ g_{CO_2}/g_{吸附材料}$ 左右。从第 4 个 CaL 耦合 CLC 过程起,钢渣源 $CaFe\text{-}CA_1EG_1\text{-}pH_1$,$CaFe\text{-}CA_1EG_1\text{-}pH_2$ 和 $CaFe\text{-}CA_1EG_1\text{-}pH_3$ 材料的 CO_2 吸附量便已超过商品化氧化钙;到第 10 个循环时,钢渣源 $CaFe\text{-}CA_1EG_1\text{-}pH_1$ 材料的 CO_2 吸附量已达到商品化氧化钙的 2 倍。

尽管操作条件存在一定差异,与 6.2 节协同沉淀法合成的钢渣源钙-铁双功能 CO_2 吸附材料(图 6.12)相比,本节开发的溶胶-凝胶法合成的钢渣源钙-铁双功能 CO_2 吸附材料在 CaL 耦合 CLC 过程中的 CO_2 循环吸附性能(吸附量和循环稳定性)在温和反应条件下(图 6.18)和实际(严苛)反应条件下(图 6.21)均优势显著,其优异的反应性能可以进一步通过材料的高分辨扫描电子显微成像图(图 6.22)加以考证。反应前新鲜的钢渣源 $CaFe\text{-}CA_1EG_1\text{-}pH_1$ 材料呈现出规则的多孔、网状表面形貌,而在实际高温钙循环条件下经历 10 个 CaL 耦合 CLC 过程后,虽然 $CaFe\text{-}CA_1EG_1\text{-}pH_1$ 材料规则的网状表面形貌几乎消失,但材料基体中由球形纳米级微粒构成的均一表面形貌得到有效的保持,这也为材料稳定的 CO_2 吸附性能提供了有力的保障。$CaFe\text{-}CA_1EG_1\text{-}pH_1$ 材料表面所选区域(图 6.22(e))的能量分散 X 光分析图表明,富铁纳米颗粒在材料基体中均匀分布,从而保证了 CaL 耦合 CLC 过程中 $FeO\text{-}Fe_2O_3$ 化学链燃烧循环与钙基碳酸化-煅烧 CO_2 捕集循环间有效的热量传递。

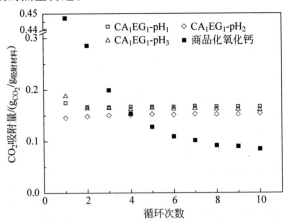

图 6.21　典型溶胶-凝胶法合成的钢渣源钙-铁双功能 CO_2 吸附材料在实际高温钙循环条件下对高炉尾气中 CO_2 的循环吸附性能

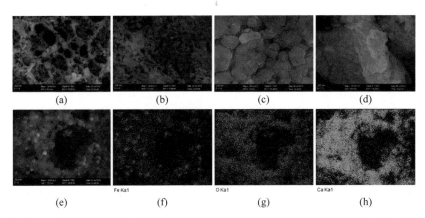

图 6.22　溶胶-凝胶法合成的钢渣源钙-铁双功能 CO_2 吸附材料 CaFe-CA$_1$EG$_1$-pH$_1$ 的高分辨扫描电子显微成像（HR-SEM）图

(a)反应前新鲜状态和(b)10 次 CaL 耦合 CLC 循环后商品化氧化钙的 HR-SEM 图；
(c)原始新鲜状态和(d)10 次 CaL 循环反应后；以及在 CaFe-CA$_1$EG$_1$-pH$_1$ 材料的所选区域(e)中(f)铁、(g)氧、(h)钙元素的能量分散 X 光微区分析(EDS)图

6.5　小　　结

本章以提高高温钙循环 CO_2 捕集过程的能量效率，同时避免化石燃料燃烧造成的 CO_2 浓缩气污染和再生钙基材料中毒等不利影响为目标，创新性地提出了基于化学链燃烧技术耦合高温钙循环技术的新型自热式 CO_2 捕集过程，并据此开发出钢渣源钙-铁双功能 CO_2 吸附材料，解析了该过程的自热补偿机理，通过实验证明了其用于高效 CO_2 捕集的技术优越性，从而发展了高温固体循环 CO_2 捕集理论。取得的主要结论如下：

（1）在 CaL 耦合 CLC 过程中，CaO 的碳酸化反应和 Fe^{3+} 的还原反应可以在钢渣源钙-铁双功能 CO_2 吸附材料基体内同时发生。在煅烧阶段，材料基体内部 FeO 氧化放热反应向 $CaCO_3$ 吸热分解反应提供所需热量，富铁纳米颗粒在材料基体中的均匀分布保证了 CaL 耦合 CLC 过程中铁基 FeO-Fe_2O_3 循环与钙基 CaO-$CaCO_3$ 循环间有效的热量传递。

（2）铁基 FeO-Fe_2O_3 循环与钙基 CaO-$CaCO_3$ 循环的耦合并未对材料的 CO_2 循环吸附性能造成显著影响，而钙基 CaO-$CaCO_3$ 循环使得铁基 FeO-Fe_2O_3 循环的还原过程无法彻底进行，同时削弱了铁基 FeO-Fe_2O_3

循环的载氧稳定性。

（3）$CaCO_3$ 分解与 FeO 氧化的反应速率相当，保证了钙基 CaO-$CaCO_3$ 循环与铁基 FeO-Fe_2O_3 循环产生良好的热整合效应，在合适的钙/铁（物质的量比）下，钢渣源钙-铁双功能 CO_2 吸附材料可以实现对 CO_2 循环捕集的自热式运行。

（4）溶胶-凝胶法合成的钢渣源钙-铁双功能 CO_2 吸附材料在实际高温钙循环条件下的模拟高炉尾气中呈现出稳定的 CO_2 循环吸附性能，优异的孔隙结构是使其 CO_2 循环吸附性能优于协同沉淀法所得材料的主要原因。

第7章 结论与建议

7.1 结　　论

本书以钢渣的高品位资源化利用为目标,开展以钢渣为原料制备高效钙基 CO_2 吸附材料,并将其应用于钢铁行业原位 CO_2 捕集的研究,从而在实现钢铁行业 CO_2 减排的同时,达到钢渣中钙、铁元素回收利用的目的。为此,本书系统研究了钢渣高温气固碳酸化直接固定 CO_2 的效果、影响因素及其反应动力学特征,发展了工业固废高温气固碳酸化 CO_2 固定理论;以钢渣中钙、铁元素的回收为目标,详细探究了钢渣在酸性浸出体系中的元素浸出特征及其影响因素,开发出低醋酸/钢渣投加比酸浸取技术,实现了钢渣中钙、铁元素的高效分离;首次以钢渣为原料制备出钙基 CO_2 吸附材料,深入研究了其 CO_2 吸附性能及影响因素,阐明了其抗烧结稳定化机理,并分析了其应用于高温钙循环 CO_2 捕集的技术经济性;创新性地提出了基于化学链燃烧技术耦合高温钙循环技术的新型自热式 CO_2 捕集过程,并据此开发出钢渣源钙-铁双功能 CO_2 吸附材料,解析了该过程的自热补偿机理,发展了高温固体循环 CO_2 捕集理论。主要研究结论如下:

(1) 通过对钢渣样品中主要钙基物相的潜在碳酸化反应吉布斯自由能进行计算与分析,确定氢氧化钙是钢渣样品中能够发生碳酸化反应固定 CO_2 的主要物相,采用 X 射线衍射耦合刚玉内标物相对响应强度分析法首次实现了对钢渣中氢氧化钙物相含量的实验测定,从而计算出钢渣的理论 CO_2 固定潜能。经测定,本研究所使用的钢渣样品的理论 CO_2 固定潜能为 $159.4\ \mathrm{kg_{CO_2}/t}$。

(2) 提出颗粒一级反应动力学复合金斯特林格扩散模型并解析了钢渣高温气固碳酸化动力学特征和反应参数,颗粒一级反应动力学模型和金斯特林格扩散模型可分别实现对钢渣碳酸化反应动力学控制阶段和碳酸钙产物层扩散控制阶段的有效模拟和动力学参数确定,本研究所使用钢渣样品在碳酸化反应动力学控制阶段和碳酸钙产物层扩散控制阶段的活化能分别为 21.29 kJ/mol 和 49.54 kJ/mol。

（3）首次探究了钢渣在高温钙循环模式下的 CO_2 捕集效果。相比高温气固碳酸化直接固定 CO_2，钢渣通过高温钙循环可使其总 CO_2 捕集容量显著提高，但钢渣中可用于碳酸化固定 CO_2 的活性钙成分（氢氧化钙）的比例较低，多数钙元素仍以 CO_2 惰性的形式存在，这是限制其 CO_2 捕集效果的根本原因。

（4）低醋酸/钢渣投加比酸浸取可实现钢渣中 Ca 和 Fe 的有效分离，Ca 从钢渣浸出液中被回收，回收率可达 60.3%，Fe 的浸出率则可控制在 13% 以内而基本留在酸浸出残渣中。本研究可实现从每吨钢渣中回收约 270 kgCaO 纯度达 90% 的生石灰，用于钢铁行业 CO_2 捕集和钢铁生产。低醋酸/钢渣投加比酸浸取是回收钢渣中 Ca 的有效途径，低强酸/钢渣投加比酸浸取则无法实现钢渣中 Ca 和 Fe 的有效分离。

（5）低醋酸/钢渣投加比酸浸取还能使得从钢渣中磁选回收的富铁矿物的回收量和铁品位均相比原始钢渣得到显著提高，作为高品质铁矿用于高炉炼铁。钢渣样品中含铁物相钙铁榴石和水镁铁石在醋酸作用下分解释放出磁性铁（主要是 Fe_3O_4 和 $MgFe_2O_4$）是酸浸取过程对钢渣磁选回收 Fe 产生强化效应的主要原因。

（6）低醋酸/钢渣投加比（3 $g_{醋酸}$：5 $g_{钢渣}$）条件下制备的钢渣源钙基 CO_2 吸附材料相比商品化 CaO 表现出更优异的 CO_2 循环吸附性能，其饱和 CO_2 吸附量可达 0.62 g_{CO_2}/$g_{吸附材料}$，是商品化 CaO 的 1.5 倍；材料在实际高温钙循环条件下的 CO_2 吸附量最大可达商品化 CaO 的 2 倍。CO_2 循环吸附稳定性也比商品化 CaO 显著提高，钢渣源钙基 CO_2 吸附材料可更高效地应用于高温钙循环 CO_2 捕集过程。

（7）在钢渣源钙基 CO_2 吸附材料（高温煅烧）形成过程中，醋酸盐对其孔隙结构的模板效应，以及材料中 MgO 物相的高熔点和变温热膨胀体积效应是使得其抗烧结稳定性显著优于商品化 CaO 的主要原因。

（8）CaL 耦合铁基 CLC 自热式 CO_2 捕集过程的自热补偿机理为：CaO 的碳酸化反应和 Fe^{3+} 的还原反应可以在钢渣源钙-铁双功能 CO_2 吸附材料基体内同时发生；在煅烧阶段，材料基体内部 FeO 氧化放热反应向 $CaCO_3$ 吸热分解反应提供所需热量。

（9）在 CaL 耦合铁基 CLC 自热式 CO_2 捕集过程的煅烧阶段，$CaCO_3$ 分解与 FeO 氧化的反应速率相当，这保证了钙基 CaO-$CaCO_3$ 循环与铁基 FeO-Fe_2O_3 循环产生良好的热整合效应。另外，富铁纳米颗粒在材料基体中的均匀分布也有利于铁基 $FeO\text{-}Fe_2O_3$ 循环与钙基 $CaO\text{-}CaCO_3$ 循环间实现有效的热量传递。在合适的钙/铁(物质的量比)下,钢渣源钙-铁双功能 CO_2 吸附材料可以实现对 CO_2 循环捕集的自热式运行。

7.2　建　　议

需要进一步开展的工作主要有以下两方面:

(1) 针对本研究所开发的钢渣源钙基 CO_2 吸附材料,开展基于流化床反应器的中试研究,考察材料在接近实用条件下的 CO_2 捕集性能,并通过所获取的运行参数进一步开展钢渣源钙基 CO_2 吸附材料应用于高温钙循环 CO_2 捕集的技术经济性分析。

(2) 针对本研究所提出的高温钙循环耦合化学链燃烧新型自热式 CO_2 捕集过程,开展材料基体内化学链燃烧循环与高温钙循环间的传热理论研究,从而建立模型评价其热传递效率,并进一步开展材料开发工作,考察(除铁基载氧体外)其他过渡金属氧化物的化学链燃烧循环与高温钙循环间的热整合效果。

参 考 文 献

[1] GAHAN C S, CUNHA M L, SANDSTROM A. Comparative study on different steel slags as neutralising agent in bioleaching[J]. Hydrometallurgy, 2009, 95(3-4): 190-197.

[2] RENFORTH P, WASHBOURNE C L, TAYLDER J, et al. Silicate production and availability for mineral carbonation[J]. Environmental Science & Technology, 2011, 45(6): 2035-2041.

[3] 中国钢铁工业年鉴 2013[R].

[4] NAVARRO C, DÍAZ M, VILLA-GARCÍA M A. Physico-chemical characterization of steel slag. Study of its behavior under simulated environmental conditions[J]. Environmental Science & Technology, 2010, 44(14): 5383-5388.

[5] 叶斌. 转炉钢渣气碎工艺技术及产业化[D]. 重庆: 重庆大学, 2003.

[6] 杨华明, 霍成立, 赵武, 等. 钢铁厂"三废"综合治理的研究进展[J]. 鞍钢技术, 2011(1): 1-7.

[7] VAN ZOMEREN A, VAN DER LAAN S R, KOBESEN H B A, et al. Changes in mineralogical and leaching properties of converter steel slag resulting from accelerated carbonation at low CO_2 pressure[J]. Waste Management, 2011, 31(11): 2236-2244.

[8] POH H Y, GHATAORA G S, GHAZIREH N. Soil stabilization using basic oxygen steel slag fines[J]. Journal of Materials in Civil Engineering, 2006, 18(2): 229-240.

[9] YI H, XU G, CHENG H, et al. An overview of utilization of steel slag[J]. Procedia Environmental Sciences, 2012, 16: 791-801.

[10] 许斌, 庄剑鸣, 白国华, 等. 烧结配加转炉钢渣的研究[J]. 烧结球团, 2000, 25(5): 20-23.

[11] 章耿. 宝钢钢渣综合利用现状[J]. 宝钢技术, 2006(1): 20-24.

[12] SAS W, GLUCHOWSKI A, RADZIEMSKA M, et al. Environmental and geotechnical assessment of the steel slags as a material for road structure[J]. Materials, 2015, 8(8): 4857-4875.

[13] AHMEDZADE P, SENGOZ B. Evaluation of steel slag coarse aggregate in hot mix asphalt concrete[J]. Journal of Hazardous Materials, 2009, 165(1-3):

300-305.

[14] 柳浩，丁建平，李振国，等. 新型材料在北京长安街路面大修工程中的应用[J].
市政技术，2010，28(1)：23-25，29.

[15] 齐广和. 钢渣沥青混合料在乌鲁木齐市政道路工程中的应用[J]. 公路交通科技：
应用技术版，2014(3)：122-124.

[16] 黄毅. 钢渣在道路工程中的应用现状[C]//2014 年全国冶金能源环保生产技术
会. 武汉，2014.

[17] 赵俊学，李小明，唐雯聃，等.钢渣综合利用技术及进展分析[J]. 鞍钢技术，
2013(3)：1-6，24.

[18] ALTUN I A，YILMAZ I. Study on steel furnace slags with high MgO as
additive in Portland cement[J]. Cement and Concrete Research，2002，32(PII
S0008-8846(02)000763-98)：1247-1249.

[19] 温喜廉，欧阳东，潘攀. 钢渣复合掺合料配制 C100 高抗氯离子渗透性混凝土研
究[J]. 混凝土，2011(6)：73-75.

[20] 张朝晖，廖杰龙，巨建涛，等. 钢渣处理工艺与国内外钢渣利用技术[J]. 钢铁
研究学报，2013，25(7)：1-4.

[21] 南雪丽. 微晶玻璃的研制[D]. 兰州：兰州理工大学，2006.

[22] 张凯，武文斐，李保卫. 晶化时间对钢渣微晶玻璃结构和性能的影响[J]. 华中
科技大学学报：自然科学版，2014(5)：71-74.

[23] 姚强，陆雷，江勤，等. 添加剂对钢渣微晶玻璃抗弯强度及颜色的影响[J]. 硅
酸盐通报，2005，24(4)：104-106.

[24] 李宇，张玲玲，王洋，等. 烧结气氛对钢渣微晶玻璃复合材料性能的影响[C]//
第十七届全国高技术陶瓷学术年会. 南京，2012.

[25] MAKELA M，WATKINS G，POYKIO R，et al. Utilization of steel，pulp and
paper industry solid residues in forest soil amendment：relevant physicochemical
properties and heavy metal availability[J]. Journal of Hazardous Materials，2012，
207(SI)：21-27.

[26] 吴志宏，邹宗树，王承智. 转炉钢渣在农业生产中的再利用[J]. 矿产综合利用，
2005(6)：25-28.

[27] XUE Y，HOU H，ZHU S. Characteristics and mechanisms of phosphate
adsorption onto basic oxygen furnace slag[J]. Journal of Hazardous Materials，
2009，162(2-3)：973-980.

[28] CLAVEAU-MALLET D，WALLACE S，COMEAU Y. Model of phosphorus
precipitation and crystal formation in electric arc furnace steel slag filters[J].
Environmental Science & Technology，2012，46(3)：1465-1470.

[29] CLAVEAU-MALLET D，COURCELLES B，COMEAU Y. Phosphorus removal by
steel slag filters：modeling dissolution and precipitation kinetics to predict longevity

[J]. Environmental Science & Technology, 2014, 48(13): 7486-7493.

[30] BARCA C, TROESCH S, MEYER D, et al. Steel slag filters to upgrade phosphorus removal in constructed wetlands: two years of field experiments[J]. Environmental Science & Technology, 2013, 47(1): 549-556.

[31] OCHOLA C E, MOO-YOUNG H K. Establishing and elucidating reduction as the removal mechanism of Cr(VI) by reclaimed limestone residual RLR(modified steel slag)[J]. Environmental Science & Technology, 2004, 38(22): 6161-6165.

[32] KIM D, SHIN M, CHOI H, et al. Removal mechanisms of copper using steel-making slag: adsorption and precipitation[J]. Desalination, 2008, 223(1-3): 283-289.

[33] LIU S, GAO J, YANG Y, et al. Adsorption intrinsic kinetics and isotherms of lead ions on steel slag[J]. Journal of Hazardous Materials, 2010, 173(1-3): 558-562.

[34] OH C, RHEE S, OH M, et al. Removal characteristics of As(III) and As(V) from acidic aqueous solution by steel making slag[J]. Journal of Hazardous Materials, 2012, 213: 147-155.

[35] JINMING D, BING S. Removal characteristics of Cd(II) from acidic aqueous solution by modified steel-making slag[J]. Chemical Engineering Journal, 2014, 246: 160-167.

[36] ASAOKA S, OKAMURA H, MORISAWA R, et al. Removal of hydrogen sulfide using carbonated steel slag[J]. Chemical Engineering Journal, 2013, 228: 843-849.

[37] MONTES-MORAN M A, CONCHESO A, CANALS-BATLLE C, et al. Linz-Donawitz steel slag for the removal of hydrogen sulfide at room temperature[J]. Environmental Science & Technology, 2012, 46(16): 8992-8997.

[38] ZHANG J, ZHOU J Z, Xu Z P, et al. Decomposition of potent greenhouse gas sulfur hexafluoride (SF6) by kirschsteinite-dominant stainless steel slag[J]. Environmental Science & Technology, 2014, 48(1): 599-606.

[39] SANNA A, DRI M, HALL M R, et al. Waste materials for carbon capture and storage by mineralisation(CCSM)-A UK perspective[J]. Applied Energy, 2012, 99: 545-554.

[40] GUNNING P J, HILLS C D, CAREY P J. Accelerated carbonation treatment of industrial wastes[J]. Waste Management, 2010, 30(6): 1081-1090.

[41] HUIJGEN W J J, COMANS R N J. Mineral CO_2 sequestration by steel slag carbonation[J]. Environmental Science & Technology, 2005, 39(24): 9676-9682.

[42] BONENFANT D, KHAROUNE L, SAUVE S, et al. CO_2 sequestration potential of steel slags at ambient pressure and temperature[J]. Industrial & Engineering Chemistry Research, 2008, 47(20): 7610-7616.

[43] CHANG E E, CHEN C, CHEN Y, et al. Performance evaluation for carbonation of steel-making slags in a slurry reactor[J]. Journal of Hazardous Materials, 2011, 186(1): 558-564.

[44] CHANG E E, PAN S, CHEN Y, et al. CO_2 sequestration by carbonation of steelmaking slags in an autoclave reactor[J]. Journal of Hazardous Materials, 2011, 195: 107-114.

[45] YU J, WANG K. Study on characteristics of steel slag for CO_2 capture[J]. Energy & Fuels, 2011, 25(11): 5483-5492.

[46] 包炜军,李会泉,张懿. 温室气体 CO_2 矿物碳酸化固定研究进展[J]. 化工学报, 2007, 58(1): 1-9.

[47] RAUPACH M R, MARLAND G, CIAIS P, et al. Global and regional drivers of accelerating CO_2 emissions[J]. Proceedings of the National Academy of Sciences of the United States of America, 2007, 104(24): 10288-10293.

[48] IPCC. Climate change 2013: the physical science basis. Contribution of working group I to the fifth assessment report of the intergovernmental panel on climate change[R]. Cambridge, United Kingdom and New York, NY, USA, 2013.

[49] BERTOS M F, LI X, SIMONS S, et al. Investigation of accelerated carbonation for the stabilisation of MSW incinerator ashes and the sequestration of CO_2[J]. Green Chemistry, 2004, 6(8): 428-436.

[50] LIU Z, GUAN D, WEI W, et al. Reduced carbon emission estimates from fossil fuel combustion and cement production in China[J]. Nature, 2015, 524(7565): 335-338.

[51] 中华人民共和国国家统计局. 国际统计年鉴 2011[R]. 北京: 中国统计出版社,2011.

[52] PAN S, CHANG E E, CHIANG P. CO_2 capture by accelerated carbonation of alkaline wastes: a review on its principles and applications[J]. Aerosol and Air Quality Research, 2012, 12(5): 770-791.

[53] KLARA S M, SRIVASTAVA R D, MCILVRIED H G. Integrated collaborative technology, development program for CO_2 sequestration in geologic formations-United States Department of Energy R&D [J]. Energy Conversion and Management, 2003, 44(17): 2699-2712.

[54] BHOWN A S, FREEMAN B C. Analysis and status of post-combustion carbon dioxide capture technologies[J]. Environmental Science & Technology, 2011, 45(20): 8624-8632.

[55] STAUFFER P H, KEATING G N, MIDDLETON R S, et al. Greening coal: breakthroughs and challenges in carbon capture and storage[J]. Environmental Science & Technology, 2011, 45(20): 8597-8604.

[56] FIGUEROA J D, FOUT T, PLASYNSKI S, et al. Advances in CO_2 capture technology-the U. S. Department of Energy's Carbon Sequestration Program[J]. International Journal of Greenhouse Gas Control, 2008, 2(1): 9-20.

[57] MA J, ZHOU Z, ZHANG F, et al. Ditetraalkylammonium amino acid ionic liquids as CO_2 absorbents of high capacity [J]. Environmental Science & Technology, 2011, 45(24): 10627-10633.

[58] TOLLEFSON J. Low-cost carbon-capture project sparks interest[J]. Nature, 2011, 469(7330): 276-277.

[59] HUSSAIN M A, SOUJANYA Y, SASTRY G N. Evaluating the efficacy of amino acids as CO_2 capturing agents: a first principles investigation [J]. Environmental Science & Technology, 2011, 45(19): 8582-8588.

[60] BP-America. CO_2 Capture project: technical report DEFC26-01NT41145[R]. National Energy Technology Laboratory, 2005.

[61] ROCHELLE G T. Amine scrubbing for CO_2 capture [J]. Science, 2009, 325(5948): 1652-1654.

[62] SIMONSON T, PARISH W A. CCS demonstration plant(FE0003311)[C]// NETL CO_2 capture technology meeting. Pittsburgh, PA, USA, 2010.

[63] FREEMAN S A, DUGAS R, VAN WAGENER D H, et al. Carbon dioxide capture with concentrated, aqueous piperazine [J]. International Journal of Greenhouse Gas Control, 2010, 4(2SI): 119-124.

[64] WANG Q, LUO J, ZHONG Z, et al. CO_2 capture by solid adsorbents and their applications: current status and new trends [J]. Energy & Environmental Science, 2011, 4(1): 42-55.

[65] CLAUSSE M, MEREL J, MEUNIER F. Numerical parametric study on CO_2 capture by indirect thermal swing adsorption [J]. International Journal of Greenhouse Gas Control, 2011, 5(5): 1206-1213.

[66] SU F, LU C. CO_2 capture from gas stream by zeolite 13X using a dual-column temperature/vacuum swing adsorption[J]. Energy & Environmental Science, 2012, 5(10): 9021-9027.

[67] LIU L, SINGH R, XIAO P, et al. Zeolite synthesis from waste fly ash and its application in CO_2 capture from flue gas streams[J]. Adsorption, 2011, 17(5): 795-800.

[68] LEE K, JO Y. Synthesis of zeolite from waste fly ash for adsorption of CO_2[J]. Journal of Material Cycles and Waste Management, 2010, 12(3): 212-219.

[69] ZHANG J, SINGH R, WEBLEY P A. Alkali and alkaline-earth cation exchanged chabazite zeolites for adsorption based CO_2 capture[J]. Microporous and Mesoporous Materials, 2008, 111(1-3): 478-487.

[70] BAKER R W, LOKHANDWALA K. Natural gas processing with membranes: an overview[J]. Industrial & Engineering Chemistry Research, 2008, 47(7): 2109-2121.

[71] WILLIS R R, BENIN A I, LOW J J, et al. Annual report: project DE-FG26-04NT42121[R]. National Energy Technology Laboratory, 2006.

[72] BANERJEE R, PHAN A, WANG B, et al. High-throughput synthesis of zeolitic imidazolate frameworks and application to CO_2 capture[J]. Science, 2008, 319(5865): 939-943.

[73] ZEVENHOVEN R, FAGERLUND J, SONGOK J K. CO_2 mineral sequestration: developments toward large-scale application [J]. Greenhouse Gases-Science and Technology, 2011, 1(1): 48-57.

[74] LACKNER K S, BUTT D P, WENDT C H. Progress on binding CO_2 in mineral substrates [J]. Energy Conversion and Management, 1997, 38S: S259-S264.

[75] MAROTO-VALER M M, FAUTH D J, KUCHTA M E, et al. Activation of magnesium rich minerals as carbonation feedstock materials for CO_2 sequestration[J]. Fuel Processing Technology, 2005, 86(14-15): 1627-1645.

[76] HUIJGEN W J J, COMANS R N J, WITKAMP G. Cost evaluation of CO_2 sequestration by aqueous mineral carbonation [J]. Energy Conversion and Management, 2007, 48(7): 1923-1935.

[77] PRIGIOBBE V, POLETTINI A, BACIOCCHI R. Gas-solid carbonation kinetics of air pollution control residues for CO_2 storage[J]. Chemical Engineering Journal, 2009, 148(2-3): 270-278.

[78] REDDY K J, JOHN S, WEBER H, et al. Simultaneous capture and mineralization of coal combustion flue gas carbon dioxide (CO_2) [J]. Energy Procedia, 2011, 4: 1574-1583.

[79] NAPP T A, GAMBHIR A, HILLS T P, et al. A review of the technologies, economics and policy instruments for decarbonising energy-intensive manufacturing industries[J]. Renewable and Sustainable Energy Reviews, 2014, 30: 616-640.

[80] HO M T, BUSTAMANTE A, WILEY D E. Comparison of CO_2 capture economics for iron and steel mills[J]. International Journal of Greenhouse Gas Control, 2013, 19: 145-159.

[81] ODA J, AKIMOTO K, TOMODA T, et al. International comparisons of energy

efficiency in power, steel, and cement industries[J]. Energy Policy, 2012, 44: 118-129.

[82] 韩颖, 李廉水, 孙宁. 中国钢铁工业二氧化碳排放研究[J]. 南京信息工程大学学报: 自然科学版, 2011(1): 53-57.

[83] International Energy Agency(IEA). Tracking clean energy progress 2014[M]. 2014.

[84] HO M T, ALLINSON G W, WILEY D E. Comparison of MEA capture cost for low CO_2 emissions sources in Australia[J]. International Journal of Greenhouse Gas Control, 2011, 5(1): 49-60.

[85] BARATI M. Energy intensity and greenhouse gases footprint of metallurgical processes: a continuous steelmaking case study[J]. Energy, 2010, 35(9): 3731-3737.

[86] International Energy Agency(IEA). Executive summary for energy technology perspectives 2012: pathways to a clean energy system [R]. Paris: OECD/IEA, 2012.

[87] BIRAT J P, MAIZIÈRES-LÈS-METZ D. Steel sectoral report. Contribution to the UNIDO roadmap on CCS. Fifth Draft[R]. Amsterdam, the Netherlands: United Nations Industrial Development Organization, 2010.

[88] European Union(EU). ULCOS-ultra low CO_2 steelmaking[EB/OL].

[89] MATSUMIYA T. Steelmaking technology for a sustainable society [J]. Calphad, 2011, 35(4): 627-635.

[90] TONOMURA S. Outline of Course 50 [J]. Energy Procedia, 2013, 37: 7160-7167.

[91] ZHAO M, MINETT A I, HARRIS A T. A review of techno-economic models for the retrofitting of conventional pulverised-coal power plants for post-combustion capture(PCC) of CO_2 [J]. Energy & Environmental Science, 2013, 6(1): 25-40.

[92] ANTHONY E J. Solid looping cycles: a new technology for coal conversion[J]. Industrial & Engineering Chemistry Research, 2008, 47(6): 1747-1754.

[93] FENNELL P S, PACCIANI R, DENNIS J S, et al. The effects of repeated cycles of calcination and carbonation on a variety of different limestones, as measured in a hot fluidized bed of sand[J]. Energy & Fuels, 2007, 21(4): 2072-2081.

[94] MANOVIC V, ANTHONY E J. Thermal activation of CaO-based sorbent and self-reactivation during CO_2 capture looping cycles[J]. Environmental Science & Technology, 2008, 42(11): 4170-4174.

[95] ABANADES J C, ALVAREZ D. Conversion limits in the reaction of CO_2 with lime[J]. Energy & Fuels, 2003, 17(2): 308-315.

[96] SUN P, GRACE J R, LIM C J, et al. The effect of CaO sintering on cyclic CO_2 capture in energy systems[J]. AICHE Journal, 2007, 53(9): 2432-2442.

[97] ARIAS B, DIEGO M E, ABANADES J C, et al. Demonstration of steady state CO_2 capture in a 1. 7 MW_{th} calcium looping pilot[J]. International Journal of Greenhouse Gas Control, 2013, 18: 237-245.

[98] FENNELL P S, DAVIDSON J F, DENNIS J S, et al. Regeneration of sintered limestone sorbents for the sequestration of CO_2 from combustion and other systems[J]. Journal of the Energy Institute, 2007, 80(2): 116-119.

[99] MANOVIC V, ANTHONY E J. Screening of binders for pelletization of CaO-based sorbents for CO_2 capture[J]. Energy & Fuels, 2009, 23(10): 4797-4804.

[100] RIDHA F N, MANOVIC V, MACCHI A, et al. High-temperature CO_2 capture cycles for CaO-based pellets with kaolin-based binders[J]. International Journal of Greenhouse Gas Control, 2012, 6: 164-170.

[101] MANOVIC V, ANTHONY E J. Steam reactivation of spent CaO-based sorbent for multiple CO_2 capture cycles [J]. Environmental Science & Technology, 2007, 41(4): 1420-1425.

[102] MATERIC B V, SHEPPARD C, SMEDLEY S I. Effect of repeated steam hydration reactivation on CaO-based sorbents for CO_2 capture [J]. Environmental Science & Technology, 2010, 44(24): 9496-9501.

[103] DONAT F, FLORIN N H, ANTHONY E J, et al. Influence of high-temperature steam on the reactivity of CaO sorbent for CO_2 capture [J]. Environmental Science & Technology, 2012, 46(2): 1262-1269.

[104] LYSIKOV A I, SALANOV A N, OKUNEV A G. Change of CO_2 carrying capacity of CaO in isothermal recarbonation-decomposition cycles[J]. Industrial & Engineering Chemistry Research, 2007, 46(13): 4633-4638.

[105] KIERZKOWSKA A M, PACCIANI R, MÜLLER C R. CaO-based CO_2 sorbents: from fundamentals to the development of new, highly effective materials[J]. ChemSusChem, 2013, 6(7): 1130-1148.

[106] LU H, KHAN A, PRATSINIS S E, et al. Flame-made durable doped-CaO nanosorbents for CO_2 capture[J]. Energy & Fuels, 2009, 23(1): 1093-1100.

[107] KOIRALA R, GUNUGUNURI K R, PRATSINIS S E, et al. Effect of zirconia doping on the structure and stability of CaO-based sorbents for CO_2 capture during extended operating cycles[J]. The Journal of Physical Chemistry C, 2011, 115(50): 24804-24812.

[108] LUO C, ZHENG Y, DING N, et al. Development and performance of CaO/La2O3 sorbents during calcium looping cycles for CO_2 capture[J]. Industrial & Engineering Chemistry Research, 2010, 49(22): 11778-11784.

[109]　ROESCH A, REDDY E P, SMIRNIOTIS P G. Parametric study of Cs/CaO sorbents with respect to simulated flue gas at high temperatures[J]. Industrial & Engineering Chemistry Research, 2005, 44(16): 6485-6490.

[110]　FILITZ R, KIERZKOWSKA A M, BRODA M, et al. Highly efficient CO_2 sorbents: development of synthetic, calcium-rich dolomites[J]. Environmental Science & Technology, 2012, 46(1): 559-565.

[111]　BRODA M, KIERZKOWSKA A M, MÜLLER C R. Development of highly effective CaO-based, MgO-stabilized CO_2 sorbents via a scalable "one-pot" recrystallization technique[J]. Advanced Functional Materials, 2014, 24(36): 5753-5761.

[112]　LI Z, CAI N, HUANG Y, et al. Synthesis, experimental studies, and analysis of a new calcium-based carbon dioxide absorbent[J]. Energy & Fuels, 2005, 19(4): 1447-1452.

[113]　WU S F, LI Q H, KIM J N, et al. Properties of a nano CaO/Al2O3 CO_2 sorbent[J]. Industrial & Engineering Chemistry Research, 2008, 47(1): 180-184.

[114]　MANOVIC V, ANTHONY E J. CaO-based pellets supported by calcium aluminate cements for high-temperature CO_2 capture[J]. Environmental Science & Technology, 2009, 43(18): 7117-7122.

[115]　MANOVIC V, WU Y, HE I, et al. Spray water reactivation/pelletization of spent CaO-based sorbent from calcium looping cycles [J]. Environmental Science & Technology, 2012, 46(22): 12720-12725.

[116]　BOOT-HANDFORD M E, ABANADES J C, ANTHONY E J, et al. Carbon capture and storage update[J]. Energy & Environmental Science, 2014, 7(1): 130-189.

[117]　HANAK D P, BILIYOK C, MANOVIC V. Calcium looping with inherent energy storage for decarbonisation of coal-fired power plant[J]. Energy & Environmental Science, 2016, 9(3): 971-983.

[118]　STADLER H, BEGGEL F, HABERMEHL M, et al. Oxyfuel coal combustion by efficient integration of oxygen transport membranes[J]. International Journal of Greenhouse Gas Control, 2011, 5(1): 7-15.

[119]　MARTÍNEZ A, LARA Y, LISBONA P, et al. Energy penalty reduction in the calcium looping cycle[J]. International Journal of Greenhouse Gas Control, 2012, 7: 74-81.

[120]　TELESCA A, CALABRESE D, Marroccoli M, et al. Spent limestone sorbent from calcium looping cycle as a raw material for the cement industry[J]. Fuel, 2014, 118: 202-205.

[121] DEAN C C, DUGWELL D, FENNELL P S. Investigation into potential synergy between power generation, cement manufacture and CO_2 abatement using the calcium looping cycle[J]. Energy & Environmental Science, 2011, 4(6): 2050-2053.

[122] RODRÍGUEZ N, MURILLO R, ABANADES J C. CO_2 capture from cement plants using oxyfired precalcination and/or calcium looping[J]. Environmental Science & Technology, 2012, 46(4): 2460-2466.

[123] ATSONIOS K, GRAMMELIS P, ANTIOHOS S K, et al. Integration of calcium looping technology in existing cement plant for CO_2 capture: process modeling and technical considerations[J]. Fuel, 2015, 153: 210-223.

[124] JANA P, DE LA PEÑA O'SHEA V A, CORONADO J M, et al. Cobalt based catalysts prepared by Pechini method for CO_2-free hydrogen production by methane decomposition[J]. International Journal of Hydrogen Energy, 2010, 35(19): 10285-10294.

[125] CHUNG F H. Quantitative interpretation of X-ray diffraction patterns of mixtures. I. Matrix-flushing method for quantitative multicomponent analysis[J]. Journal of Applied Crystallography, 1974, 7: 519-525.

[126] ABANADES J C, ANTHONY E J, LU D Y, et al. Capture of CO_2 from combustion gases in a fluidized bed of CaO[J]. AICHE Journal, 2004, 50(7): 1614-1622.

[127] ALONSO M, RODRÍGUEZ N, GONZÁLEZ B, et al. Carbon dioxide capture from combustion flue gases with a calcium oxide chemical loop. Experimental results and process development[J]. International Journal of Greenhouse Gas Control, 2010, 4(2): 167-173.

[128] BAMFORD C H, TIPPER C F H. Comprehensive chemical kinetics[M]. Amsterdam: Elsevier, 1975.

[129] SHARP J H, BRINDLEY G W, ACHER B N N. Numerical data for some commonly used solid state reaction equations[J]. Journal of the American Ceramic Society, 1966, 49(7): 379-382.

[130] SUN J, BERTOS M F, SIMONS S J R. Kinetic study of accelerated carbonation of municipal solid waste incinerator air pollution control residues for sequestration of flue gas CO_2 [J]. Energy & Environmental Science, 2008, 1(3): 370.

[131] TIAN S, JIANG J. Sequestration of flue gas CO_2 by direct gas-solid carbonation of air pollution control system residues[J]. Environmental Science & Technology, 2012, 46(24): 13545-13551.

[132] GALWEY A K, BROWN M E. Application of the Arrhenius equation to solid

state kinetics: can this be justified? [J]. Thermochimica Acta, 2002, 386(PII S0040-6031(01)00769-91): 91-98.

[133] LI Y, ZHAO C, DUAN L, et al. Cyclic calcination/carbonation looping of dolomite modified with acetic acid for CO_2 capture [J]. Fuel Processing Technology, 2008, 89(12): 1461-1469.

[134] LI Y, ZHAO C, CHEN H, et al. Modified CaO-based sorbent looping cycle for CO_2 mitigation[J]. Fuel, 2009, 88(4): 697-704.

[135] ALVAREZ D, ABANADES J C. Determination of the critical product layer thickness in the reaction of CaO with CO_2 [J]. Industrial & Engineering Chemistry Research, 2005, 44(15): 5608-5615.

[136] SACIA E R, RAMKUMAR S, PHALAK N, et al. Synthesis and regeneration of sustainable CaO sorbents from chicken eggshells for enhanced carbon dioxide capture[J]. ACS Sustainable Chemistry & Engineering, 2013, 1(8): 903-909.

[137] FAWCETT I D, SUNSTROM IV J E, GREENBLATT M, et al. Structure, magnetism, and properties of Ruddlesden-Popper calcium manganates prepared from citrate gels[J]. Chemistry of Materials, 1998, 10(11): 3643-3651.

[138] TAGUCHI H, SONODA M, NAGAO M. Relationship between angles for Mn-O-Mn and electrical properties of orthorhombic perovskite-type($Ca_{1-x}Sr_x$) MnO_3[J]. Journal of Solid State Chemistry, 1998, 137(1): 82-86.

[139] HUANG X Y, MIYAZAKI Y, Kajitani T. High temperature thermoelectric properties of $Ca_{1-x}Bi_xMn_{1-y}V_yO_{3-\delta}$ ($0 \leqslant x = y \leqslant 0.08$) [J]. Solid State Communications, 2008, 145(3): 132-136.

[140] VALVERDE J M, SANCHEZ-JIMENEZ P E, PEREZ-MAQUEDA L A. Relevant influence of limestone crystallinity on CO_2 capture in the Ca-looping technology at realistic calcination conditions [J]. Environmental Science & Technology, 2014, 48(16): 9882-9889.

[141] VALVERDE J M, SANCHEZ-JIMENEZ P E, PEREZ-MAQUEDA L A. Calcium-looping for post-combustion CO_2 capture. On the adverse effect of sorbent regeneration under CO_2[J]. Applied Energy, 2014, 126: 161-171.

[142] RIDHA F N, MANOVIC V, MACCHI A, et al. The effect of SO_2 on CO_2 capture by CaO-based pellets prepared with a kaolin derived $Al(OH)_3$ binder[J]. Applied Energy, 2012, 92: 415-420.

[143] GRASA G S, ALONSO M, ABANADES J C. Sulfation of CaO particles in a carbonation/calcination loop to capture CO_2 [J]. Industrial & Engineering Chemistry Research, 2008, 47(5): 1630-1635.

[144] MANOVIC V, ANTHONY E J, LONCAREVIC D. SO_2 retention by CaO-based sorbent spent in CO_2 looping cycles [J]. Industrial & Engineering

Chemistry Research, 2009, 48(14): 6627-6632.

[145] LIU W, FENG B, WU Y, et al. Synthesis of sintering-resistant sorbents for CO_2 capture [J]. Environmental Science & Technology, 2010, 44 (8): 3093-3097.

[146] Gmelin Handbook: Mg, B1-11[M]. Springer-Verlag, 21-23.

[147] Gmelin Handbook: Ca, B3-113[M]. Springer-Verlag, 899-901.

[148] ANDERSON O L. Equations of state of solids for geophysics and ceramic science[M]. Oxford: Oxford University Press, 1995.

[149] SINGH K S, CHAUHAN R S. Analysis of thermodynamic and thermoelastic properties of ionic solids at high temperatures[J]. Physica B-Condensed Matter, 2002, 315(PII S0921-4526(01)01095-X1-3): 74-81.

[150] MACKENZIE A, GRANATSTEIN D L, ANTHONY E J, et al. Economics of CO_2 capture using the calcium cycle with a pressurized fluidized bed combustor[J]. Energy & Fuels, 2007, 21(2): 920-926.

[151] ROMEO L M, LARA Y, LISBONA P, et al. Economical assessment of competitive enhanced limestones for CO_2 capture cycles in power plants[J]. Fuel Processing Technology, 2009, 90(6): 803-811.

[152] ABANADES J C, GRASA G, ALONSO M, et al. Cost structure of a postcombustion CO_2 capture system using CaO[J]. Environmental Science & Technology, 2007, 41(15): 5523-5527.

[153] STANGER R, WALL T. Sulphur impacts during pulverised coal combustion in oxy-fuel technology for carbon capture and storage[J]. Progress in Energy and Combustion Science, 2011, 37(1): 69-88.

[154] MANOVIC V, ANTHONY E J. Sulfation performance of CaO-based pellets supported by calcium aluminate cements designed for high-temperature CO_2 capture[J]. Energy & Fuels, 2010, 24: 1414-1420.

[155] MANOVIC V, ANTHONY E J. CaO-based pellets with oxygen carriers and catalysts[J]. Energy & Fuels, 2011, 25(10): 4846-4853.

[156] BARIN I, KNACKE O O. Thermodynamical properties of inorganic substances[M]. Berlin: Springer-Verlag, 1973.

[157] ZAMBONI I, COURSON C, KIENNEMANN A. Synthesis of Fe/CaO active sorbent for CO_2 absorption and tars removal in biomass gasification [J]. Catalysis Today, 2011, 176(1): 197-201.

[158] JOZWIAK W K, KACZMAREK E, MANIECKI T P, et al. Reduction behavior of iron oxides in hydrogen and carbon monoxide atmospheres [J]. Applied Catalysis A: General, 2007, 326(1): 17-27.

[159] ZIELINSKI J, ZGLINICKA I, ZNAK L, et al. Reduction of Fe_2O_3 with

hydrogen[J]. Applied Catalysis A: General, 2010, 381(1-2): 191-196.

[160]   MANOVIC V, ANTHONY E J. Integration of calcium and chemical looping combustion using composite CaO/CuO-based materials [J]. Environmental Science & Technology, 2011, 45(24): 10750-10756.

[161]   KIERZKOWSKA A M, MÜLLER C R. Development of calcium-based, copper-functionalised CO_2 sorbents to integrate chemical looping combustion into calcium looping [J]. Energy & Environmental Science, 2012, 5 (3): 6061-6065.

[162]   DI FELICE L, COURSON C, FOSCOLO P U, et al. Iron and nickel doped alkaline-earth catalysts for biomass gasification with simultaneous tar reformation and CO_2 capture[J]. International Journal of Hydrogen Energy, 2011, 36(9): 5296-5310.

[163]   MANOVIC V, WU Y, HE I, et al. Core-in-shell CaO/CuO-based composite for CO_2 capture[J]. Industrial & Engineering Chemistry Research, 2011, 50 (22): 12384-12391.

在学期间发表的学术论文与研究成果

[1] **Tian Sicong**, Jiang Jianguo*, F. Yan, K. Li, X. Chen, V. Manovic*. Highly efficient CO_2 capture with simultaneous iron and CaO recycling for the iron and steel industry[J]. Green Chem., 2016, DOI: 10.1039/C6GC00400H. (IF=8.02)

[2] **Tian Sicong**, K. Li, J. Jiang*, X. Chen, F. Yan. CO_2 abatement from the iron and steel industry using a combined Ca-Fe chemical loop[J]. Appl. Energy, 2016, 170: 345-352. (IF=5.613)

[3] **Tian Sicong**, J. Jiang*, D. Hosseini, A. M. Kierzkowska, Q. Imtiaz, M. Broda, C. R. Müller. Development of a steel-slag-based, iron-functionalized sorbent for an autothermal carbon dioxide capture process[J]. ChemSusChem, 2015, 8(22): 3839-3846. (IF=7.657)

[4] **Tian Sicong**, J. Jiang*, F. Yan, K. Li, X. Chen. Synthesis of highly efficient CaO-based, self-stabilizing CO_2 sorbents via structure-reforming of steel slag[J]. Environ. Sci. Technol., 2015, 49(12): 7464-7472. (IF=5.33)

[5] **Tian Sicong**, J. Jiang*, K. Li, F. Yan, X. Chen. Performance of steel slag in carbonation-calcination looping for CO_2 capture from industrial flue gas[J]. RSC Adv., 2014, 4(14): 6858-6862. (IF=3.84)

[6] **Tian Sicong**, J. Jiang*, X. Chen, F. Yan, K. Li. Direct gas-solid carbonation kinetics of steel slag and the contribution to in-situ sequestration of flue gas CO_2 in steel-making plants[J]. ChemSusChem, 2013, 6(12): 2348-2355. (IF=7.657)

[7] J. Jiang*, **Tian Sicong**, C. Zhang. The influence of SO_2 in incineration flue gas on the sequestration of CO_2 by municipal solid waste incinerator fly ash[J]. J. Environ. Sci-China, 2013, 25(4): 735-740. (IF=2.002)

[8] **Tian Sicong**, J. Jiang*. Sequestration of flue gas CO_2 by direct gas-solid carbonation of air pollution control system residues[J]. Environ. Sci. Technol., 2012, 46(24): 13545-13551. (IF=5.33)

[9] **Tian Sicong**, J. Jiang*, C. Zhang. Influence of flue gas SO_2 on the toxicity of heavy metals in municipal solid waste incinerator fly ash after accelerated carbonation stabilization[J]. J. Hazard. Mater., 2011, 192(3): 1609-1615. (IF=4.529)

[10] K. Li, **Tian Sicong**, J. Jiang*, J. Wang, X. Chen, F. Yan. Pine cone shell-based activated carbon used for CO_2 adsorption[J]. J. Mater. Chem. A, 2016, 4(14): 5223-5234.

[11] X. Chen, J. Jiang*, **Tian Sicong**, K. Li. Biogas dry reforming for syngas production: catalytic performance of nickel supported on waste-derived SiO_2 [J]. Catal. Sci. Technol., 2015, 5(2): 860-868.

[12] F. Yan, J. Jiang*, M. Zhao, **Tian Sicong**, K. Li, T. Li. A green and scalable synthesis of highly stable Ca-based sorbents for CO_2 capture [J]. J. Mater. Chem. A, 2015, 3(15): 7966-7973.

[13] F. Yan, J. Jiang*, K. Li, **Tian Sicong**, M. Zhao, X. Chen. Performance of coal fly ash stabilized, CaO-based sorbents under different carbonation-calcination conditions [J]. ACS Sustain. Chem. Eng., 2015, 3(9): 2092-2099.

[14] K. Li, J. Jiang*, **Tian Sicong**, F. Yan, X. Chen. Polyethyleneimine-nano silica composites: a low-cost and promising adsorbent for CO_2 capture [J]. J. Mater. Chem. A, 2015, 3(5): 2166-2175.

[15] C. Gong, J. Jiang*, D. Li, and **Tian Sicong**. Ultrasonic application to boost hydroxyl radical formation during Fenton oxidation and release organic matter from sludge [J]. Sci. Rep-UK, 2015, 5: 11419-11426.

[16] J. Wang, J. Jiang*, D. Li, T. Li, K. Li, **Tian Sicong**. Removal of Pb and Zn from contaminated soil by different washing methods: the influence of reagents and ultrasound [J]. Environ. Sci. Pollut. R., 2015, 22(24): 20084-20091.

[17] M. Zhao*, J. Shi, X. Zhong, **Tian Sicong**, J. Blamey, J. Jiang*, P. S. Fennell. A novel calcium looping absorbent incorporated with polymorphic spacers for hydrogen production and CO_2 capture [J]. Energy Environ. Sci., 2014, 7(10): 3291-3295.

[18] K. Li, J. Jiang*, **Tian Sicong**, X. Chen, F. Yan. Influence of silica types on synthesis and performance of amine-silica hybrid materials used for CO_2 capture [J]. J. Phys. Chem. C, 2014, 118(5): 2454-2462.

[19] K. Li, J. Jiang*, F. Yan, **Tian Sicong**, X. Chen. The influence of polyethyleneimine type and molecular weight on the CO_2 capture performance of PEI-nano silica adsorbents [J]. Appl. Energy, 2014, 136(31): 750-755.

[20] X. Chen, J. Jiang*, F. Yan, **Tian Sicong**, K. Li. A novel low temperature vapor phase hydrolysis method for the production of nano-structured silica materials using silicon tetrachloride [J]. RSC Adv., 2014, 4(17): 8703-8710.

[21] F. Yan, J. Jiang*, X. Chen, **Tian Sicong**, K. Li. Synthesis and characterization of silica nanoparticles preparing by low-temperature vapor-phase hydrolysis of $SiCl_4$ [J]. Ind. Eng. Chem. Res., 2014, 53(30): 11884-11890.

[22] J. Jiang*, C. Gong, J. Wang, **Tian Sicong**, Y. Zhang. Effects of ultrasound pre-treatment on the amount of dissolved organic matter extracted from food waste [J]. Bioresource Technol., 2014, 155: 266-271.

[23] J. Jiang*, C. Gong, **Tian Sicong**, S. Yang, Y. Zhang. Impact of ultrasonic treatment on dewaterability of sludge during Fenton oxidation [J]. Environ. Monit. Assess., 2014, 186(12): 8081-8088.

[24]　Y. Song，B. Jiang，**Tian Sicong**，et al. A whole-cell bioreporter approach for the genotoxicity assessment of bioavailability of toxic compounds in contaminated soil [J]. China. Environ. Pollut. ，2014，195：178-184.

发 明 专 利

[1]　蒋建国，**田思聪**，颜枫，等. 一种以钢渣为原料制备氧化钙基 CO_2 循环吸附材料的方法：中国，ZL201410065745.6(中国发明专利)。

致　　谢

　　衷心感谢我的导师蒋建国教授，是您将我带入学术殿堂！您对我的悉心指导，以及对论文整体方向的把握、对研究方法和研究内容提出的建设性意见和改进措施，是本论文得以顺利完成的重要保障。同时，您严谨的科研作风、独到的科学见解和渊博的专业知识使我受益终身。不仅如此，您的因势利导让我对科研从最初的兴趣发展为如今坚定的志向，您对我的指导着眼于大处，在把控研究方向的前提下给我最大限度的科研自由度，让我在学术的海洋里尽情遨游。每当我取得一定成绩时，您总是第一时间给予鼓励；每当我遇到困难时，您又会第一时间送来关心。我想对您说，做您的学生很幸福！未来我在学术道路上不断努力前行的动力有很多，但其中最重要的一个便是希望有朝一日您会因学生而骄傲！

　　感谢我的父母田锋先生与杨秀珍女士！是你们将我带到这个世界并养育我近三十载！无论生活多么艰苦，你们都尽全力保证我接受最好的教育，谢谢你们给我一个和谐美满的家庭，让我在温馨与幸福中健康成长，直至如今完成学业。同时，也要感谢与我一同来到这个世界的姐姐田思雯，成长中你一路的陪伴让我充满力量，感谢你一直以来对我的照顾与包容，祝你、姐夫与小外甥健康幸福。

　　感谢好朋友们（孙斯美、黄达、张瀑、孟尧、李铮、张东阳、刘兴照、王淳、郑博、梁识栋、杜松、刘巍、杨丹凤、余繁显等）一路以来对我的支持与鼓励，有你们为伴我的生活充满精彩，科研之路也不再孤单。

　　感谢课题组同学们对我的支持与帮助。殷闽师姐对我的细心关怀，杜伟师兄对我的关怀备至，以及王佳明师弟对我的全面带动。还要感谢李凯敏、宫常修、陈雪景、刘诺、颜枫、肖叶、张玉静、杨世辉、叶斌、李天然、张昊巍、李德安、杨梦、高语晨和徐一雯等同学，以及陶楠、王颖、崔夏、宋迎春，他们在我博士学习和生活的不同阶段，分别给予了我热情的帮助和支持。

　　在论文选题、实验研究和成果整理与发表阶段，还得到了王洪涛教授、刘建国教授、李金惠教授和赵明副教授的帮助，他们的热心指导使我倍感荣幸。

在瑞士联邦理工学院能源科学与技术实验室进行七个月的国家公派学习交流期间，承蒙 Christoph R. Müller 教授的热心指导，以及陆光、陈勇、Davood Hosseini、Qasim Imtiaz 同学和 Agnieszka M. Kierzkowska 博士对我的帮助，不胜感激。

感谢热能系杨瑞明老师、材料学院胡舒老师和环境学院陈莹老师，他们为部分实验数据的获取提供了设备和技术支持。

本研究工作承蒙清华大学自主科研计划资助，特此致谢。